国家电网
STATE GRID

图说

供电企业
典型违章

TU SHUO GONG DIAN QI YE
DIAN XING WEI ZHANG

国网吉林省电力有限公司 编

U0343348

 中国电力出版社
CHINA ELECTRIC POWER PRESS

图书在版编目（CIP）数据

图说供电企业典型违章 / 国网吉林省电力有限公司
编 . —北京：中国电力出版社，2016.3
ISBN 978-7-5123-9113-0

Ⅰ.①图… Ⅱ.①国… Ⅲ.①供电－工业企业－违
章作业－图解 Ⅳ.①TM08-64

中国版本图书馆CIP数据核字（2016）第060894号

中国电力出版社出版、发行

（北京市东城区北京站西街19号 100005 http://www.cepp.sgcc.com.cn）
北京盛通印刷股份有限公司印刷
各地新华书店经售
*
2016年3月第一版 2016年3月北京第一次印刷
787毫米×1092毫米 24开本 4.665印张 130千字
定价：**39.00元**

本书编委会

主　　任　王金行

副 主 任　马明焕

委　　员　蔡宏毅　徐　庆　张国友

本书编写组

组　　长　朱晓锋

成　　员　安英海　金　钢　许晓辉　李　鑫

　　　　　张文宝　张贵利　高金玉　金宝旭

　　　　　孟宪庚　孙晓光　耿建宇　任有学

　　　　　张　伟　姚亚军　卢旭江　李恩辉

　　　　　刘宝军　韩　刚　朱利波　杨　鹏

前 言
PREFACE

　　安全是一切工作的前提。多年来，国网吉林省电力有限公司（以下简称公司）始终坚持"安全第一，预防为主，综合治理"的方针，不断加强安全工作，夯实安全基础，安全生产持续保持平稳态势。但是，各类违章仍然存在，威胁公司人身、电网和设备安全。防患于未然，确保安全生产，始终是我们工作的首要任务。

　　为此，公司对照《国家电网公司安全生产典型违章100条》，结合历年来公司系统以及兄弟单位发生的各类违章案例，编制了《图说供电企业典型违章》一书，对违章表现进行了深入剖析，找出了违章根源，阐明了违章危害，提出了具体的防控措施，对当前治理"三违"工作，具有重要的警示教育意义，对推进公司安全发展极具借鉴作用。

　　安全是生命之本，违章是事故之源。各级领导干部要切实落实安全责任，加强安全监督和教育，做到守土有责。各级人员务必牢固树立"一切事故皆可以预防"的安全理念，强化《国家电网公司电力安全工作规程》的执行是"保命"底线思维，从典型违章案例中深刻吸取教训，做到举一反三，超前防范，实现电力企业生产本质安全和长治久安。

编者

2016 年 3 月

目 录
CONTENTS

违章典型表现

案　　例

违 反 条 例

防 控 措 施

违章行为 **1**

安全第一责任人不按规定主管安全监督机构。

违章 典型表现

1. 安全第一责任人委托他人主管安全监督机构。

2. 安全第一责任人对本单位安全生产工作缺少具体管理行为。

» 案例

此类违章在省内各单位不同时期、不同环节都有不同程度的存在，虽未直接造成生产事故，但由于安全第一责任人忽视安全管理，往往导致该单位安全管理长期处于失衡状态，由此衍生的其他违章行为极易发生各类生产事故。

（省外）2007 年 8 月 21 日，由于 × × 电力公司所属电力局行政正职未按规定对本单位安全监督机构进行有效管理，导致该单位安全监督机构安全责任落实不到位，致使作业现场管理混乱，违章行为严重，造成 110 千伏河桥 Ⅱ 线 3147 隔离开关恢复电缆头接线作业现场，发生一起人身触电事故。

违反条例

违反《国家电网公司安全工作规定》第十九条的规定。

防控措施

1. 严格执行相关规定和要求，各单位安全第一责任人必须切实履行具体职责。

2. 上级单位或部门应不定期检查或抽查，检查领导管理行为。

违章行为 **2**

安全第一责任人不按规定主持召开安全分析会。

违章 典型表现

安全第一责任人不定期主持安全分析会或将安全分析会与其它会议合并。

>> **案例**

此类违章易发生在县(工区)级供电单位,主要表现为安全第一责任人对安全生产工作重视不够,不能有效、自上而下地传递安全压力,往往导致该单位生产人员忽视安全,对安全工作投入精力不足,由此衍生的其他违章行为极易引发各类生产事故。

(省外)××供电公司市区分公司安全管理松懈,长期以来疏于安全管理和安全学习,安全第一责任人不定期主持安全分析会,2005年、2006年分别只有一次安全学习记录,导致该单位作业人员安全意识淡薄、违章行为突出。2006年6月22日,该单位一名高压计量人员在安装10千伏高压计量箱工作时违章作业,误触10千伏带电设备死亡。

安全第一责任人有事,安全分析会不开了...

违反条例

违反《国家电网公司安全工作规定》第十三条第三款的规定。

 防控措施

1. 严格执行国家电网公司及公司有关要求。

2. 上级单位或部门应不定期检查或抽查,检查领导管理行为。

违章行为 **3**

未明确和落实各级人员安全生产岗位职责。

违章 典型表现

1. 职责不明确或分工不合理。

2. 职责落实不到位。

» **案例**

2013 年 5 月 17 日，××供电分公司在 66 千伏××变电站新建 10 千伏×××线杆作业过程中，工作负责人作业分工不合理，指派临时人员王某负责水泥杆组立工作，王某对现场安全措施和危险点内容不清楚，新组立水泥杆距离 66 千伏××线 A 相边线水平距离仅为 1.3 米，由于大风导致 66 千伏梅祥线对水泥杆持续放电，造成导线断线，发生线路接地故障。

违反条例

违反《国家电网公司安全工作规定》第十五条的规定。

防控措施

1. 细化各级人员的岗位责任，并采取有效监管手段，确保职责落实到位。

2. 科学划分基层单位之间、班组之间以及各技术专业之间，设备管辖界线，进一步健全设备分工制度。

3. 细化管理要求，明确安全责任，制定有针对性、符合专业特点的考核办法。

4. 加强对各级领导干部的检查、考核力度，在制度上督促其起到带头执行规章制度的作用。

违章行为

未按规定设置安全监督机构和配备安全员。

违章 典型表现

1. 未设置安全监督机构。
2. 安全监督人员配备不足。
3. 未配备必要的安全监督器具。
4. 配备的安全监督人员素质不高，存在养老型、安置型人员。

» 案例

此类违章多发生在县（工区）级供电单位，主要表现为对安全监督工作不重视，不能配备足够的安全监督人员，或配备的人员素质不高，对现有安全监督人员支持不够，少配备或不配备安全监督所需器材和交通工具，导致安全监督人员很难发挥现场的监督作用。

（省外）2006年6月30日，××供电局××供电分局装表计量班、线路检修班在进行低压线路改造时，由于安全监管力量不足，现场监管不到位，未能及时发现现场安全措施不符合规定的隐患，造成现场5人死亡，10人受轻伤事故。

违反条例

违反《国家电网公司安全工作规定》第十八条规定。

防控措施

1. 完善规章制度，安全监督机构对本单位安全第一责任人负责，对安全监督机构不按规定设置的单位，严肃考核，限期整改。
2. 按照有关规定，合理、充足的配备各级安全监督人员，发挥安全监督体系的作用。
3. 为安全监督人员现场监督提供必要的器材和交通工具。

管理违章

装置违章

违章行为 **5**

未按规定落实安全生产措施、计划、资金。

(违章) 典型表现

1. 企业负责人只注重经济效益,对本单位安全投入不足。

2. 未下达安全生产措施、计划、资金的有关文件。

3. 安全生产措施、计划、资金落实不到位。

> 救生衣不够啊!

» 案例

此类违章在个别县(工区)级供电单位依然存在,主要表现在已编制的安全生产措施计划落实不到位、应纳入安全生产措施计划的项目未纳入等。

(省外) 2013 年 4 月 16 日,××省送变电工程公司劳务分包队伍租用农用船渡河时,由于所雇船只按设施配备不齐全,现场管理人员缺乏乘坐水上交通工具的安全知识和实际经验,船上没有配备足够的救生装备,当日船体发生翻沉,5 人溺水身亡。

(违反条例)

违反《国家电网公司安全工作规定》第三十五条规定。

防控措施

1. 各单位应每年编制年度安全生产措施、计划,并以正式文件下发,严格按照要求提取安全生产措施资金。

2. 对安全生产措施、计划、资金等落实情况,编写专题报告,报有关部门审核。

3. 安监、运维等相关部门对职责范围内安全生产措施、计划、资金的落实情况进行动态监督检查。

4. 安全生产措施、计划、资金各项目的具体负责单位应对落实情况进行监督检查,严格考核。

违章行为 **6**

未按规定配置现场安全防护装置、安全工器具和个人防护用品。

不好！安全带断啦！

违章 典型表现

现场安全防护装置、安全工器具和个人防护用品配置不齐全或不符合工作要求。

» 案例

此类违章在个别生产班组依然存在，主要表现在对现场使用的安全工器具不定期检查和试验、不按规定保管、对已出现问题或不合格的安全工器具不及时报废更换，虽未发生事故，但对作业人员人身安全存在较大威胁。

（省外）2006 年 3 月 29 日，××供电局电缆运行班张某在 10 千伏电杆上进行电缆工作过程中，由于作业使用的安全带不合格，在进行换位时失去保护，从 6 米高处坠落造成人身重伤。

违反条例

违反《国家电网公司安全工作规定》第二十一条第四款规定。

防控措施

1. 每年各单位安监部门应根据基层单位实际情况对安全防护装置、安全工器具和个人防护用品进行补充或更换。

2. 安监部门应定期对现场各类安全工器具和个人防护用品的使用情况进行检查，考核。

3. 各县公司（工区）领导和安全管理人员应对现场安全防护装置、安全工器具和个人防护用品的配置和使用情况进行监督检查，不齐全的不允许开工作业。

4. 对发现使用超期、未按要求试验、报废的，严格责任追究和考核。

违章行为 **7**

设备变更后相应的规程、制度、资料未及时更新。

违章 典型表现

1. 对设备变更的制度要求不完善。
2. 人员责任未落实。

» 案例

此类违章在个别生产班组依然存在，主要表现为对变更的设备运行情况未及时在相应的规程、制度、资料上更新，导致实际运行的设备情况与相关文本资料不符，工作人员若参照文本资料进行作业，可能发生事故。省内虽未发生由此类违章引发的事故，但仍需引起高度重视。

（省外）2014 年 8 月 9 日，××供电公司 330 千伏××变电站未对保护压板未投的情况及时在运行规程、值班记录中登记，导致运行人员对此情况不掌握，造成线路故障后备保护动作跳闸、变电站全停的电网事故。

违反条例

违反《国家电网公司安全工作规定》第二十九条、第三十一条规定。

防控措施

1. 规范设备变更手续、标准、流程及时间要求，加强检查督导。
2. 对因为管理原因，造成规程、制度、资料更新不及时的，要追究管理人员的责任。
3. 管理部门要督促、指导基层单位的工作，对变更中发现的问题及时进行协调，提供技术支持。
4. 各生产单位、班组要明确设备变更工作的负责人，具体负责对规程、制度、资料的更新工作。
5. 负责更新工作的各级人员，必须对设备更新过程进行跟踪，及时了解设备的性能、使用要求、注意事项等，掌握第一手资料，保证规程、制度、资料更新正确。

违章行为 8

未按规定严格审核现场运行主接线图，不与现场设备一次接线认真核实。现场规程没有每年进行一次复查、修订，并书面通知有关人员。

违章 典型表现

1. 对审核现场运行主接线图的制度要求不完善。

2. 现场运行主接线图修改不及时。

3. 现场规程复查、修订不及时。

» 案例

此类违章在个别二级单位依然存在，主要表现为不严格审核现场运行接线图，不核查接线方式，现场运行规程未进行认真复查、修订等。省内虽未发生由此类违章引发的事故，但仍需引起高度重视。

（省外）2010 年 8 月 19 日，×× 供电公司所属的集体企业变电工程分公司在 ×× 供电公司 ×× 220 千伏变电站改造工程消缺工作中，更换 10 千伏 I 段母线电压互感器时，由于设备生产厂家未与需方沟通擅自更改设计，提供的设备实际一次接线与技术协议和设计图纸不一致，造成 2 人死亡、1 人严重烧伤的较大人身伤亡事故。

违反条例

违反《国家电网公司安全工作规定》第二十九条、第三十一条规定。

防控措施

1. 加强督导检查。对因为管理原因，造成现场运行主接线图与现场设备不一致的，要追究管理人员的责任。

2. 生产管理部门要对现场规程复查、修订提出明确规定，及时组织专业人员对现场规程进行复查，提出书面修订意见，保证规程的准确性、有效性。

3. 各单位应明确现场规程的责任人，对到期应复查、修订的，及时上报管理部门。

违章行为 ⑨

新入厂的生产人员，未组织三级安全教育或员工未按规定组织《国家电网公司电力安全工作规程》考试。

 违章典型表现

1. 新入厂的生产人员，未全部经过三级安全教育。

2. 未按规定组织《国家电网公司电力安全工作规程》考试。

» 案例

2008年7月，××供电公司新入局大学生赵某在安全培训教育没有结束，没有进行《国家电网公司电力安全工作规程》考试的情况下，被其所在班组班长以到变电站现场学习的名义，安排其到现场参加电缆铺设工作。赵某对线路端子箱内带电部位不清楚，固定电缆时造成人身低压触电。

违反条例

违反《国家电网公司电力安全工作规程（变电部分）》第4.4.3条规定。

防控措施

1. 严格新入厂人员三级安全教育体系，建立个人培训档案，防止安全教育遗漏新入场的生产人员的现象，班组、车间安全教育培训走过场的现象。

2. 管理部门要对每级安全教育情况进行检查，通过对规程、专业知识、实际操作等考试，校验每个人的教育效果，不符合要求的应重新学习，接受安全教育培训。

3. 公司管理部门要把《国家电网公司电力安全工作规程》考试作为职工安全教育的硬性招标，对考试不合格的，不得将其下放到车间、班组进行下一阶段的安全教育。

违章行为 **10**

特种作业人员上岗前未经过规定的专业培训。

违章 典型表现

作业人员没有经过规定的专业培训而从事特种作业。

» 案例

2010年11月，××供电公司变电运检班刘某刚刚领到特种作业证（动火），在未参加公司举办的专业培训的情况下，擅自在变电站改建过程中在电缆竖井间从事电焊作业，造成两根电缆被烧损的责任事件。

违反条例

违反《国家电网公司安全工作规定》第四十一条第四款的规定。

防控措施

1. 严格执行《特种作业人员安全技术培训考核管理办法》，对符合条件、考试合格、证件齐全的特种作业人员，管理部门要予以公布，车间要对本单位特种作业人员合理安排工作，确保作业安全。

2. 安全监督部门要加强对各类工作现场的监督检查，对不是特种作业人员而从事特种作业的，必须立即制止其工作，严格考核有关责任人和责任单位。

违章行为 11

没有每年公布工作票签发人、工作负责人、工作许可人（简称"三种人"）及有权单独巡视高压设备人员名单。

违章 典型表现

1. "三种人"名单每年未更新。

2. "三种人"名单公布下发不及时。

3. "三种人"自身安全素质不满足要求，安全知识考试不合格。

》案例

此类违章在个别单位依然存在，主要表现为每年公布下发的"三种人"人数与实际参与工作的人数不相符，个别"三种人"的安全素质不满足要求，虽未直接造成生产事故，但给公司安全生产工作留下隐患。

（省外）1993 年 10 月 27 日，××电业局输变电工区超高压站工作人员对 63 千伏××线停电进行登检和清扫绝缘子（××线与西线同塔为双回线，西线带电运行）。因为工作监护人自身安全素质低、安全意识差，在作业期间未认真履行安全职责，未对作业人员进行有效监护，导致作业人员王某误碰触带电的西线，感电从高处坠落至地面，抢救无效死亡。

违反条例

违反《国家电网公司安全工作规定》第四十七条和《国家电网公司电力安全工作规程（线路部分）》第 5.3.11.4 条规定。

防控措施

1. 安全监督部门要每年组织对"三种人"进行安全知识考试，根据各单位的工作需要、人员工作能力、考试成绩等情况，进行综合审核，确定"三种人"和有权单独巡视高压设备人员的名单，报公司主管领导批准后，以正式文件下发公布。

2. 设备运行管理单位有权拒绝公布名单以外的人员进入高压设备区域。

违章行为 12

对事故未按照"四不放过"原则进行调查处理。

 典型表现

1. 事故原因未调查清楚。　　2. 防范措施落实不到位。

3. 事故教训吸取不深刻彻底。　4. 没有按照规定对责任人进行处罚。

》案例

此类违章在省内个别生产班组依然存在，主要表现为对发生的设备障碍、异常以及人身未遂事件不进行认真分析，不落实具体防范措施，对相关责任人考核处罚不严等行为，虽未造成严重后果，但容易导致生产人员滋生麻痹大意心理，为以后的生产作业留下隐患。

（省外）2014年9月16日，××检修公司220千伏××变电站发生一起带接地开关误合220千伏断路器的恶性误操作事故，该单位未能认真按照"四不放过"原则进行调查处理。2015年9月21日，该单位再次发生由于运行人员执行倒闸操作顺序错误，导致母差保护动作，造成4台220千伏断路器跳闸。

违反条例

违反《国家电网公司安全工作规定》第七十八条以及《国家电网公司安全事故调查规程》第1.6条规定。

防控措施

1. 定期组织对各级生产人员进行各种安全知识的学习培训，加强人员对规程的掌握和理解。制定完善的安全考核办法，畅通信息渠道，确保事故调查人员在第一时间赶到现场，收集事故过程的所有资料。

2. 当事人和责任单位要正确对待调查工作，必须如实回答调查组的问询，为事故调查提供便利。

3. 组织有关专业技术人员，召开事故分析会，对事故原因进行深入分析、举一反三，制定切实可行、行之有效的防范措施；要强化防范措施的落实到位，对措施的落实全过程进行监督，防范措施要明确具体要求、工作标准、完成时间、工作责任人等内容。

4. 安监部门要对防范措施的执行及落实情况进行督导检查，定期通报工作进展，对防范措施落实不到位的单位要重点跟踪，确保防范措施的落实。

5. 深入分析事故原因及形成的机理，全面剖析根源所在；各级领导要深入基层、班组，与广大职工进行广泛的学习讨论，掌控人员的思想认识，要带头揭短找原因，现身说法找问题，自我剖析找差距。

违章行为 13

对违章不制止、不考核。

违章 典型表现

1. 默认违章行为，认为不会造成危害。
2. 知道违章的危害，但碍于情面，存在侥幸心理，不制止、不考核。
3. 发现违章行为能及时制止，但不能做到严格考核。

» 案例

2012 年 9 月 17 日，××供电公司检修分公司输电运检班在更换 220 千伏杆塔作业时，上下抛掷物品未使用传递绳，工作负责人视而不见，未进行制止。导致工作班成员刘某经过杆塔下时，被杆上掷下物品打在肩部，造成高处落物伤人事件。

违反条例

违反《国家电网公司电力安全工作规程（线路部分）》第 10.12 条规定。

防控措施

1. 加强领导到岗到位管理，发现现场管理人员、安全监督人员、班组长存在默认违章行为严格考核。
2. 加强对事故教训的学习，对习惯性违章危害的宣传。
3. 落实安全责任制，明确管理人员、安全监督人员的责任。
4. 严格考核不制止现场违章行为的责任人。
5. 落实连带责任管理，对出现问题单位相关人员进行连带考核。

违章行为 **14**

对排查出的安全隐患未制订整改计划或未落实整改治理措施。

(违章)典型表现

1. 对查出的安全隐患未制订整改计划。

2. 未落实整改治理措施。

» 案例

2013年12月，××供电公司变电检修班在66千伏变电站设备秋检中发现线路保护控制回路绝缘电阻偏低（小于1兆欧），未及时制订整改计划，也未及时处理，导致变电站发生直流系统接地事件。

(违反条例)

违反《国家电网公司安全隐患排查治理管理办法》第26条规定。

防控措施

1. 对上级和本部门检查出的安全隐患或存在的安全问题，相关单位要列明检查内容、存在的问题、责任部门、整改措施、整改时间等项目，下发到相关部门进行整改。

2. 相关责任部门要留存安全隐患台账和档案并定期汇总，以备查看和了解问题的解决情况。在安排大修和技改项目计划中，统筹考虑普遍性安全隐患治理计划，并组织落实。

3. 管理部门应加强现场检查督导，监督检查措施的落实情况，督促及时落实整改计划和整改治理措施。对未落实或未认真落实的要根据考核制度进行考核。

违章行为 **15**

设计、采购、施工、验收未执行有关规定，造成设备装置性缺陷。

违章 典型表现

1. 设计错误。　　　　2. 采购的设备质量存在问题。

3. 施工质量不合格。　　4. 验收不认真。

5. 设计、施工和验收单位专业人员对部分反事故措施要求不了解。

> » **案例**
>
> 2015 年 8 月，×× 供电公司检修分公司变电运检班在对 220 千伏变电站直流电源系统检查验收中，未执行有关规定，验收不认真，未发现直流电源系统中混有交流空气断路器。在直流回路发生故障时，交流空气断路器无法保证正确动作，造成直流电源回路越级跳闸。

违反条例

违反《国家电网公司关于印发变电和直流专业精益化管理评价规范的通知》国家电网运检〔2015〕224 号第六章"直流及不间断电源系统评价细则"中第 6 条的规定。

防控措施

1. 设计人员应进行现场勘察，运行单位、施工单位认真对图纸进行审核，提出改进意见或要求。

2. 对设备运行中的重大缺陷、典型性缺陷、家族性缺陷等，及时向管理部门反馈，严格执行招投标程序，避免走过场。

3. 对曾出现严重质量问题的设备，谨慎使用，通过试验手段，控制设备质量，发现问题，及时要求设备供应商处理。

4. 施工单位采取必要措施加强质量控制，监理单位严格进行监督检查，建设、运行单位认真进行验收，发现缺陷，及时要求施工单位处理。

5. 运行单位加强验收环节的管理，制定详细的验收措施，确保验收的质量。

违章行为 16

未按要求进行现场勘察或勘察不认真、无勘察记录。

1998年7月14日，××电业局××电气安装公司在10千伏××线12号至15号拆除旧线路工作中，未认证进行现场勘查，对13号杆的情况不掌握。13号杆由于建筑施工撤土，埋深仅剩1米，加之撤土后土质松软，又逢连日降雨，杆基不牢固。作业人员刘某在13号杆登杆作业完毕准备下杆时，水泥杆突然倾倒，作业人员刘某压在杆下，抢救无效死亡。

违章 典型表现

1. 作业单位对现场勘查不认真，造成设计文件不能指导现场施工工作。

2. 施工、检修单位在编制技术资料时，不认真对现场情况进行认真勘查，造成编制的技术资料与现场不符，使得技术资料不能有效地指导现场施工和检修工作。

违反条例

违反《国家电网公司电力安全工作规程（配电部分）》第6.2.1条（4）款、6.4.5规定。

防控措施

1. 制定相应现场勘察手册和相应检查制度。
2. 设计部门内部加强管理和考核力度。
3. 上级部门对设计部门失误造成的后果，进行严肃考核。
4. 施工人员及时将图纸资料与现场不符的情况通知设计院，避免造成不必要的损失。
5. 单位内部加强管理和考核力度。
6. 上级部门对技术资料进行严肃审核。
7. 施工人员及时将图纸资料与现场不符的情况及时和编制人员进行沟通。

管理违章

装置违章

违章行为 **17**

不落实电网运行方式安排和调度计划。

违章 典型表现

1. 没有按照上级部门电压曲线要求调整电网参数。

2. 没有按时办理检修申请手续。

3. 不及时向调度部门汇报设备运行情况。

» **案例**

2001 年 7 月 22 日，××供电公司配电分公司在进行 10 千伏负荷转带过程中，未及时向调度申请汇报，擅自进行带电情况下两条 10 千伏线路的负荷环倒工作，导致 ×× 和 ×× 两座 220 千伏变电站电磁环网潮流窜动较大，虽未造成事故，但对系统稳定运行带来一定影响。

违反条例

违反《电网调度运行管理规程》中 10 千伏联络线管理规定。

防控措施

1. 制定周密完善的运行方式和规章制度。

2. 值班负责人对值班员工作情况进行检查。

3. 提前制订详细的检修计划。

4. 根据检修计划，提早进行检修申请准备工作。

违章行为 18

违章指挥或干预值班调度、运行人员操作。

违章 典型表现

1. 指挥工作人员扩大工作范围。

2. 指挥工作人员违章作业。

» **案例**

2015 年 3 月 18 日，××供电公司变电检修室在协助集团公司对××220 千伏变电站进行 66 千伏母差保护传动 66 千伏××乙线时，现场技术负责人对现场异常分析不到位，违章指挥，擅自许可扩大工作任务，造成运行中的 66 千伏××甲线、××乙线开关跳闸事故发生。

违反条例

违反《国家电网公司电力安全工作规程（变电部分）》第 6.3.8.8 条规定。

防控措施

1. 工作负责人应严格按照相关制度改变工作范围。

2. 工作人员在工作前认真了解工作内容、工作流程、安全措施和工作中的危险点。

3. 工作人员发现工作负责人违章指挥时，应进行制止。

4. 工作负责人应严格按照相关规程制度和工艺要求组织工作。

5. 工作人员在工作前认真了解工作内容、工作流程、安全措施和工作中的危险点。

6. 工作人员发现工作负责人违章指挥时，应拒绝执行。

管理违章

装置违章

违章行为 19

安排或默许无票作业、无票操作。

违章 典型表现

1. 发现作业现场不使用工作票或操作票不加制止。
2. 安排工作人员从事工作票内容上没有的工作。

》案例

2005 年 5 月 7 日，××供电公司农电有限公司在 10 千伏配电线路进行开关倒闸操作时，现场管理人员对作业人员未填写操作票、未清楚倒闸操作顺序即进行操作的行为未进行制止，且离开操作现场打电话，导致操作人员带负荷拉断隔离开关，造成线路短路跳闸的恶性误操作。

违反条例

违反《国家电网公司电力安全工作规程(配电部分)》第 5.2.5 条规定。

防控措施

1. 没有工作票禁止进入工作现场，发现无票工作严肃考核。
2. 建立制度，无票操作视同事故，进行考核。
3. 作业人员开工前进行交底并录音，没有工作票不能进入现场工作。
4. 值班人员经常检查作业现场，发现无票作业立即制止，并汇报上级。
5. 严格按照"管生产必须管安全"的原则，坚持谁主管谁负责，谁组织谁负责，谁安排谁负责，发现作业人员无票工作的行为，严格考核工作负责人。
6. 工作负责人认真组织各项准备工作，避免临时增加工作任务。
7. 作业人员临时接受某项工作，没有工作票可拒绝工作。

违章行为

客户受电工程接电条件审核完成前安排接电。

典型表现

没有制定客户工程接电管理制度。

» 案例

2009年6月24日，××供电公司在10千伏客户受电工程接电条件审核完成前安排接电。由于对设备不熟悉，营销人员张某对配电柜进行验收时，在电源侧接地刀闸未拉开的情况下，将头深入柜内，造成人身触电死亡。

违反条例

违反《国家电网公司电力安全工作规程（配电部分）》第5.2.5.6条规定。

防控措施　制定客户工程接电管理制度，明确工作流程。

违章行为

大型施工或危险性较大作业期间管理人员未到岗到位。

违章 典型表现

1. 没有制定管理人员到岗到位制度。

2. 管理人员未到岗到位。

» 案例

2013年9月11日，××供电公司在进行66千伏变电站扩建施工，10千伏Ⅰ段母线设备改造期间，检修试验专业管理人员张某、王某未按规定到岗到位对设备改造提供技术指导，设备投运时发现设备安装错误，造成晚送电。

违反条例

违反国网吉林省电力有限公司《生产现场领导干部和管理人员到岗到位工作标准》规定。

防控措施

1. 制定管理人员到岗到位管理制度，明确具体哪类作业现场必须哪类管理人员到位。

2. 严格执行本部门到岗到位制度，对未到岗到位的人员或部门纳入绩效考核范围。

3. 各级管理人员应熟悉到岗到位管理制度，清楚自己该在何种情况下到位。

4. 认真履行各级管理人员安全职责，各履其职，各负其责。

违章行为 22

对承包方未进行资质审查或违规进行工程发包。

×× 工程队资格不用审查了，就交给他们干吧！

违章 典型表现

1. 对承包方未进行资质审查。

2. 违规进行工程发包。

» 案例

此类违章在省内各单位在不同时期、不同地点都有不同

程度的存在，虽未直接造成生产事故，但给安全生产工作带来了较大影响，需引起各单位高度重视。

（省外）2006 年，×× 公司将 ×× 钢铁集团动力公司防腐项目转包给其他公司，未对该单位施工资质进行审查。转包公司不具备防腐施工资质，不重视安全生产工作，承接本工程后，没有建立相应的安全管理制度、安全作业规程及应急救援预案，未按规定与作业人员签订劳务合同，聘用无安全管理资格的人员作为现场施工负责人并兼任安全监护。10 月 7 日，在分控系统水冷却塔内，发生一起工作人员因吸入氮气缺氧窒息，造成 3 人死亡的事故。

违反条例

违反《国家电网公司安全工作规定》第九十一条、九十二条规定。

防控措施

1. 严格执行《国家电网公司安全工作规定》相关规定。

2. 按照"谁主管业务，谁组织外包"的原则明确管理主体。

3. 各级发包单位应通过资质审查、合同约束、教育培训、动态评价等机制，做好承包单位的安全监督，严禁以包代管、以罚代管。

违章行为 23

承发包工程未依法签订安全协议，未明确双方应承担的安全责任。

违章 典型表现

1. 承发包工程未依法签订安全协议。
2. 未明确双方的安全责任。
3. 现场安全管理存在以包代管。

» 案例

此类违章在省内各单位小型的大修、技改等工程项目仍未完全杜绝，虽未造成事故，但给安全生产带来极高的风险。

（省外）2006年1月25日，××电力建设总公司第三公司二处在建设研究杆塔试验基地拆除试验塔施工中，由于发包单位在施工队伍资质不够的情况下与其签订了安全技术交底，缺乏完整的安全协议，且未履行安全责任，存在"以包代管"行为，导致作业过程中，作业人员刘某在杆塔攀爬时失去安全带保护，从高处坠落至地面，经抢救无效死亡。

违反条例

违反《国家电网公司安全工作规定》第九十一条规定。

防控措施

1. 建立承、发包工程管理制度，按照规定要求签订安全协议。
2. 加强安全监督审检查，没有签订安全协议的工程不得开工。
3. 与参建承包商签订可行性安全责任书，明确双方安全责任。
4. 安全监督部门审查承、发包工程项目合同中是否具体规定发包方和承包方各自承担的安全责任。

违章典型表现

案　　　例

违 反 条 例

防 控 措 施

违章行为 24

进入作业现场未按规定正确佩戴安全帽。

典型表现

1. 安全帽标识不全或有缺陷。
2. 进入工作现场未戴安全帽。
3. 安全帽佩戴不正确。

违反条例

违反《国家电网公司电力安全工作规程（变电部分）》第 4.3.4 条规定。

»案例

1981 年 9 月 22 日，××电业局送电工区在 220 千伏××线 183 号修巡视吊桥过程中，作业人员用钳子敲打紧线器，紧线器随之掉落，因吊桥下方观测弛度的刘某没戴安全帽，被紧线器将头打破，缝合 6 针，造成人员轻伤。

防控措施

1. 工作人员进入生产现场必须佩戴安全帽（办公室、控制室、保护室和检修班组室除外），在工作前和过程中对自身佩戴安全帽进行检查，确保佩戴正确。
2. 工作负责人要对工作现场工作人员监督检查安全帽佩戴情况。
3. 使用安全帽前，应进行外观检查，检查安全帽的帽壳、帽箍、顶衬、下颌带、后扣等附件完好无损，帽壳到帽衬缓冲空间在 25~50 毫米。
4. 戴安全帽时，首先应将内衬圆周大小调节到对头部稍有约束感、但不难受的程度，以不系下颌带低头时安全帽不会脱落为宜；其次佩戴安全帽必须系好下颌带，下颌带应紧贴下颌，松紧以下颌有约束感，但不难受为宜。

违章行为 **25**

从事高处作业未按规定正确使用安全带等高处防坠用品或装置。

违章典型表现

1. 作业现场不具备牢固、可靠的挂点。　　**2.** 安全带低挂高用。

3. 安全带使用在不牢固的地方。　　**4.** 杆塔高空作业不使用二道保护绳。

» **案例**

1982 年 5 月 11 日，××电业局××供电局工人王某在 66 千伏 ×× 线进行带电登杆检查，未按规定正确使用安全带，工作转位时，右手食指碰到有感应电压的架空地线，感电，从高空坠落，抢救无效死亡。

没系安全带！

违反条例

违反《国家电网公司电力安全工作规程（配电部分）》第 17.2.4 条规定。

防控措施

1. 悬挂安全带（绳）前进行检查，选择牢固可靠的悬挂地点。

2. 安全带（绳）应挂在牢固的构件上或专为挂安全带用的钢架或钢丝绳上，禁止系挂在移动或不牢固的物件上 [如避雷器、断路器（开关）、隔离开关（刀闸）、电流互感器、电压互感器等支持件上]。

3. 工作负责人或安全员对安全带的悬挂地点进行检查。

4. 杆塔高空作业时，应使用有后备绳的双保险安全带。

5. 安全带和保护绳应分挂在杆塔不同部位的牢固构件上，应防止安全带从杆顶脱出或被锋利物伤害。

6. 人员在转位时，手扶的构件应牢固。

7. 对杆塔高空作业加强现场监护，监护人员时刻监护登杆作业人员作业行为。

违章行为 **26**

作业现场未按要求设置围栏；作业人员擅自穿、跨越安全围栏或超越安全警戒线。

坏了！忘设置围栏了。

违章 典型表现

1. 未按工作票要求设置围栏。
2. 作业人员擅自跨越围栏。

》案例

2003年9月2日，××集团公司配电班在进行10千伏××乙线电缆沟施工时，由于未设置围栏，导致行人赵某跌落电缆沟中，造成人员轻伤。

违反条例

违反《国家电网公司电力安全工作规程（配电部分）》第4.5.12条和《国家电网公司电力安全工作规程（变电部分）》第7.5条规定。

防控措施

1. 根据工作票安全措施布置要求，结合《国家电网公司电力安全工作规程》及公司有关规定设置围栏。
2. 运行值班人员对作业现场围栏设置的规范性和正确性进行检查，发现问题及时整改。
3. 开工前，工作负责人对照工作票的工作任务全面检查各项安全措施是否正确完备，满足工作要求。
4. 作业过程中，任何人员不得单独移开或越过遮栏。若确有必要移开遮栏时，应有监护人在场，开放围栏后，及时恢复。
5. 加强监督检查，发现随意穿越围栏的行为及时制止，并按有关规定进行考核。
6. 视工作现场情况，合理设置围栏进、出口位置。

违章行为 27

不按规定使用操作票进行倒闸操作。

违章 典型表现

1. 倒闸操作不填写操作票或使用未经审核的操作票。
2. 操作票执行中提前画钩或不及时画钩。

违反条例

违反《国家电网公司电力安全工作规程（变电部分）》第7.4.2条规定。

好嘞!

操作简单，回去再补操作票

» **案例**

2002年10月，××公司××县农电局陈某在变电站倒闸操作过程中，未严格执行操作票唱票、复诵制度，未认真检查设备实际位置，在设备带电情况下，未进行验电，误合接地刀闸，导致该变电站主配开关跳闸，供电辖区停电。

防控措施

1. 操作人员要对《国家电网公司电力安全工作规程》及公司有关规定进行学习，掌握使用操作票进行操作的有关要求，以及何种操作可以不使用操作票。
2. 在操作人员操作前，站长或集控中心的值班负责人要对操作票进行审核签字，操作后要对操作票执行情况进行检查。
3. 操作人员开始操作前检查操作票是否经逐级审核签字，操作票所填内容是否正确。
4. 严格执行操作票制度，养成良好操作习惯，模拟、实际操作中，操作完一项后应在相应位置画钩，确保操作项目和内容正确、执行完毕、不提前、不遗漏。

违章行为 **28**

不按规定使用工作票进行工作。

违章 典型表现

1. 不使用工作票就开始工作。

2. 使用有错误的工作票进行工作。

3. 未认真核对工作票上的安全措施就开工。

» 案例

1966 年 8 月 16 日 14 时 30 分，×× 电业局变电工区在 ×× 屯 66 千伏变电站进行 10 千伏升压工程。变电工区检修班结束当天工作任务后，根据运行人员提出的将 10 千伏新生线穿墙套管处引流线接上的要求，工作负责人张某在没有工作票的情况下，指派刘某接引（此时新生线穿墙套管处已有旁路母线充电）。当刘某用板子触及新生线穿墙套管螺丝时，发生弧光触电，将右手大拇指、食指烧伤。

违反条例

违反《国家电网公司电力安全工作规程（变电部分）》第 6.3.8.8 条规定、第 7.2.1 条 b）款规定。

防控措施

1. 认真学习工作票实施细则及电力安全工作规程相关内容。

2. 对出现错误的工作票，要防止因图省事、怕麻烦心理而不按规定进行更换。

3. 严格执行管理人员到岗到位制度，到达现场后应认真核对工作票内容与现场安全措施是否相符，并签字确认。

违章行为 **29**

现场倒闸操作不戴绝缘手套，雷雨天气巡视或操作室外高压设备不穿绝缘靴。

(违章) 典型表现

1. 倒闸操作不戴绝缘手套或不正确使用绝缘手套。

2. 雷雨天气巡视或操作室外高压设备不穿绝缘靴。

3. 使用前不检查绝缘靴绝缘情况是否良好。

》案例

2001年6月12日，××供电公司变电运行人员胡某在雨天进行66千伏变电站停电操作。胡某在未穿绝缘靴、未戴绝缘手套的情况下就进行操作（因现场有单一线路接地），导致被跨步电压击伤。

(违反条例)

违反《国家电网公司电力安全工作规程（变电部分）》第5.3.6.9条规定。

防控措施

1. 进行设备验电、倒闸操作、装拆接地线等工作应戴绝缘手套。

2. 绝缘手套使用前应进行外观检查，如发现有发黏、裂纹、破口（漏气）气泡、发脆等损坏情况时禁止使用。

3. 雷雨天气或一次系统有接地时，巡视或操作变电站室外高压设备应穿绝缘靴。

4. 使用绝缘靴前应检查：不得有外伤，应无裂纹、无漏洞、无气泡、无毛刺、无划痕等。如发现有以上缺陷，应立即停止使用并及时更换。

违章行为 **30**

约时停、送电。

（违章）典型表现

内容简单时或通信不方便时约时停、送电。

》案例

1950 年 1 月 1 日，××电业局检修队在 10 千伏石临线停电作业过程中，约时停、送电，导致工作人员刘某触电后从高处坠落，经抢救无效死亡。

（违反条例）

违反《国家电网公司电力安全工作规程（配电部分）》第 3.4.11 条规定。

| 防控措施 | 操作人员对线路的停送电操作均应按照值班调度员或线路工作许可人的指令执行，没有得到指令，不进行停、送电操作。 |

违章行为 **31**

擅自解锁进行倒闸操作。

（违章）典型表现

1. 擅自使用解锁密码跳项。

2. 擅自解除防误闭锁装置。

3. 利用监控机进行远方倒闸操作使用超级用户登录操作。

» 案例

2003年7月3日，××供电公司变电运行人员王某在进行220千伏变电站220千伏停电操作过程中，擅自使用万能钥匙进行倒闸操作，在乙刀闸未拉开情况下合接地刀闸，造成220千伏带电合接地刀闸的误操作事故。

违反条例

违反《国家电网公司电力安全工作规程（变电部分）》第5.3.6.9条规定。

防控措施

1. 加强解锁密码管理，将解锁密码视同解锁钥匙，未按规定进行审批，无法进行解锁操作。

2. 操作人员严格执行操作票，按操作票顺序依次进行操作，严禁擅自跳项。

3. 当遇到疑问时，严禁擅自解锁和跳项操作，应严格履行解锁程序，经过上级批准，才能解锁。

4. 操作人员登录时使用自己的账户和密码，加强超级用户密码管理，定期更换密码。

行为违章

装置违章

违章行为 **32**

防误闭锁装置钥匙未按规定使用。

违章 典型表现

1. 使用防误闭锁装置钥匙未按规定进行审批。
2. 私藏解锁钥匙。

» 案例

2012 年 9 月 29 日，××供电公司检修分公司变电运维班李某进行 66 千伏变电站 66 千伏线路送电操作过程中，未按要求履行万能钥匙解锁工具使用手续，擅自取出万用钥匙进行解锁操作，而导致误拉开关，造成运行线路停运 10 分钟。

违反条例

违反《国家电网公司电力安全工作规程（变电部分）》第 5.3.6.5 条规定。

防控措施

1. 严格执行防误闭锁装置使用规定，解锁钥匙严格封存，使用后及时记录封存，并记录使用批准情况。
2. 对全站解锁钥匙进行全面检查，清点数量，并全部放入解锁钥匙盒内，每次使用后、封存前进行清点检查。
3. 管理人员定期对防误闭锁装置钥匙进行检查，发现未按规定保管和使用情况，严肃处理。

违章行为 **33**

调度命令拖延执行或执行不力。

 典型表现

1. 运行车间领导或专责到位不及时，值班员不能操作。

2. 运行人员准备不充分，造成执行调度命令较慢。

» 案例

2012年7月8日，××供电公司所辖10千伏××线发生连续三次跳闸重合良好。调度令退出该10千伏线路重合闸，2小时内该线路不跳闸则自行投入。但运行班长未按要求而提前令操作人员投入重合闸，造成线路第四次跳闸重合良好，对系统造成冲击。

违反条例

违反《国家电网公司电力安全工作规程（变电部分）》第5.3.1条规定。

防控措施

1. 运行车间领导及专责提前了解工作计划，明确有关职责和到位时间，并严格执行。

2. 运行人员定期进行调度规程学习，熟练掌握有关内容。

3. 有检修工作时，运行人员提前做好准备，必要时可以向调度申请预令。

行为违章

装置违章

035

违章行为

专责监护人不认真履行监护职责，从事与监护无关的工作。

违章 典型表现

1. 专责监护人在工作中从事与工作无关的事情。

2. 专责监护人参加工作。

3. 专责监护人不认真履行监护职责。

» **案例**

1985 年 3 月 22 日，××供电公司送电工区带电班在 66 千伏 ×× 分线 5 号（转角塔）带电更换脏污瓷瓶，其中有 4 人进行塔上作业。工作负责人未根据工作需要指定塔上作业专职监护人，在换外角中横担吊串时朱某左肩对引流放电，被腰绳悬吊空中，左肩、右臂、后颈触电烧伤；右手手套着火，烧伤严重，在小臂处截肢。

违反条例

违反《国家电网公司电力安全工作规程（线路部分）》第 13.1.5 条规定。

防控措施

1. 合理安排工作，适当缩小监护范围，确保被监护人安全的环境下进行现场作业。

2. 专责监护人应始终在工作现场，对工作班人员进行安全认真的监护，及时纠正不安全行为。

3. 专责监护人离开现场，应要求被监护人员停止工作或是离开工作现场，待专责监护人回来后方可恢复工作。

4. 发现专责监护人从事与监护无关的工作的情况，任何人员都有权批评指正。

5. 安排有专责监护人的工作，被监护人在缺少监护时，应停止工作。

违章行为 **35**

倒闸操作前不核对设备名称、编号、位置，不执行监护复诵制度或操作时漏项、跳项。

违章 典型表现

1. 复诵时，不看设备、不手指设备，仅是机械的复诵操作票。

2. 未走到设备实际位置，就开始唱票。

» **案例**

2007 年 4 月 10 日，××供电公司变电运维人员李某倒闸操作前不核对设备名称、编号、位置，进行倒闸操作，造成误停电。

拉开114-6刀闸

没问题，就是它

114-4

违反条例

违反《国家电网公司电力安全工作规程（变电部分）》第 5.3.6.2 条规定。

防控措施

1. 加强对职工的操作行为培训，在职工操作过程中及时指出其不规范的操作行为，立即改正，职工养成良好的操作习惯。

2. 操作人、监护人同时到位，面对设备唱票，复诵时手指设备标示牌，认真核对。

3. 在适当位置设立倒闸操作站位点（在站位点或操作处设逃生方向指示），明确到达指定位置后方能唱票、操作。

行为违章

装置违章

037

违章行为 **36**

倒闸操作中不按规定检查设备实际位置，不确认设备操作到位情况。

违章 典型表现

　　操作前不按规定检查设备实际位置，操作后不检查设备实际到位情况。

»案例

　　2006年10月21日，××供电公司××供电分公司××变电所在对1号主变压器停电检修过程中，现场运行人员王某在进行主一次隔离开关停电过程中，操作不到位，设备放电造成隔离开关触头烧损。

违反条例

　　违反《国家电网公司电力安全工作规程（变电部分）》第5.3.6.6条规定。

防控措施

　　1. 倒闸操作前核对设备运行方式，看是否与调度令要求相符。

　　2. 填写操作票时要注意填写设备位置检查项目，如：拉合刀闸前，检查开关在断位；送电前，检查回路无接地短路线等。

　　3. 认真按照操作票所列项目进行操作，检查位置时要逐相检查。

违章行为 **37**

停电作业装设接地线前不验电，装设的接地线不符合规定，不按规定和顺序装拆接地线。

违 章 典型表现

1. 工作人员尚未全部从杆塔上（或撤离工作点）下来，就开始拆除接地线。

2. 先挂导线端后挂接地端或先装设远处后装设近处。

3. 接地线截面积不满足短路电流要求。

» **案例**

2002年4月，××供电公司送电工区进行66千伏××甲线改建工程作业，同塔架设的××乙线带电，在进行14号塔接引流线时，工作人员张某未挂接地线，直接接触甲线导线，被感应电击伤手部。

违反条例

违反《国家电网公司电力安全工作规程（线路部分）》第6.5.1条规定。

防控措施

1. 操作人员应对装拆接地线有关规定进行学习，熟悉正确的操作方法。

2. 所有工作人员全部从杆塔上（或工作地点）撤离，工作任务确已完成后，经工作负责人同意，才能拆除接地线。

3. 每年对短路电流进行复核，根据短路电流大小检查接地线是否满足要求。

违章行为 **38**

漏挂（拆）、错挂（拆）标示牌。

 典型表现

1. 漏挂标示牌。　　　　2. 错挂标示牌。

挂错标示牌

分 合

禁止攀登
高压危险

» 案例

此类违章行为在省内个别生产作业现场依然存在，虽未造成严重后果，但漏挂或错挂标示牌，容易导致作业人员误入带电间隔，误碰触有电设备，并造成人身和设备事故。

（省外）2009 年 3 月 17 日，××供电公司在 220 千伏××变电站进行 35 千伏电容器 361 开关检修工作时，由于工作现场没有设置"止步，高压危险！"标示牌，安全措施不到位，工作人员安全意识淡薄，违章开启隔离带电部位的绝缘挡板，造成 1 人被电弧灼伤并于 3 月 19 日死亡。

违反条例

违反《国家电网公司电力安全工作规程（变电部分）》第 7.5 条规定。

防控措施

1. 对标示牌实行定置化管理，方便进行检查核对。
2. 运行人员对照工作票上安全措施要求以及工作内容，对标示牌悬挂情况进行统筹考虑，保证满足工作要求。
3. 工作许可时，工作许可人向工作负责人交代标示牌悬挂情况，工作负责人进行核对。
4. 作业过程中，作业人员不得擅自改变标示牌的位置。
5. 工作票终结时，要对开工时标示牌悬挂地点进行全面检查，收回标示牌。

违章行为 **39**

工作票、操作票、作业卡不按规定签名。

违章 典型表现

工作票、操作票、作业卡漏签名、提前签名、代签名、名字签错位置。

» 案例

此类违章行为在省内各单位不同作业现场仍时有发生，特别是输配电专业以及小型分散作业、外包施工作业现场，违章人员多为外雇力工或外来施工队伍人员，不履行安全交底确认手续，对现场安全措施不清楚，极易发生危险。

（省外）8月9日，××省电力公司××供电公司变电运行工区综合服务班在××110千伏变电站进行微机五防系统检查及线路带电显示装置检查工作过程中，工作班成员赵某未在工作票上签名履行现场安全交底确认手续，在无人监护的情况下，擅自翻越安全围栏并攀爬已设有安全标识的爬梯，造成带电刀闸对人体放电后坠落死亡。

违反条例

违反《国家电网公司电力安全工作规程（变电部分）》第6.5.1条规定。

防控措施

1. 严格执行工作票、操作票、作业卡等有关规章制度，履行各级人员安全责任。
2. 严格按工作票、操作票、作业卡执行流程进行签名，不得早签和晚签。

违章行为 40

开工前，工作负责人未向全体工作班成员宣读工作票，不明确工作范围和带电部位，安全措施不交代或交代不清，盲目开工。

违章 典型表现

1. 工作负责人未向全体工作班成员宣读工作票，或宣读时人员不全。
2. 工作负责人不明确工作范围和带电部位，安全措施不交代或交代不清，盲目开工。

» 案例

2004年12月2日，××电业局××农电局工作人员张某在变电站停电作业中，在未得到工作许可的情况下，擅自进入带电作业间隔，被弧光短路烧伤，造成肘部严重烧伤。

违反条例

违反《国家电网公司电力安全工作规程（变电部分）》第6.4.1条规定。

防控措施

1. 工作负责人开工前召集全部工作班成员，并核对人数无误后进行宣读工作票。
2. 工作班成员在工作负责人未交代清楚工作范围、带电部位和安全措施时可拒绝工作。
3. 严格按照工作票及作业指导书内容进行唱票，严禁漏项。
4. 现场管理人员应履行到岗到位工作规定认真监督。

违章行为 **41**

工作许可人未按工作票所列安全措施及现场条件，布置完善工作现场安全措施。

违章典型表现

1. 漏围、误围带电设备。
2. 未按工作票要求在相应位置悬挂标示牌。

» **案例**

1993 年 3 月，××电业局××农电局胡某在登高检查配电变压器故障时，现场安全措施不完善，监护人未认真监护，作业人员误碰带电设备，人身感电，导致轻伤。

违反条例

违反《国家电网公司电力安全工作规程（配电部分）》第 3.3.12.2、3.3.12.4 条规定。

防控措施

1. 严格执行《国家电网公司电力安全工作规程》及《工作票实施细则》。
2. 对停电设备围栏内的带电设备采取具体措施，保证人员的安全。
3. 在开工前，工作许可人与工作负责人按照要求进行认真检查，在相应的位置悬挂标示牌。
4. 完成悬挂标示牌后，对所需挂的标示牌再次认真确认。

违章行为 **42**

作业人员擅自扩大工作范围、工作内容或擅自改变已设置的安全措施。

违章 典型表现

1. 作业人员擅自扩大工作范围、工作内容。

2. 作业人员擅自改变已设置的安全措施。

» **案例**

> 1967 年 2 月 20 日，×× 电业局变电工区在 66 千伏变电站进行 10 千伏线路出口作业工作中，签发一张第二种工作票，工作班人员施工前与工作负责人研究，认为该作业地点 B、C 相刀闸的电源侧引线满足安全距离要求，决定不拆除，工作班人员马某独自一人在梯子上拆 C 相 L 铁后，忘记了该相刀闸电源引线没有拆断，习惯性的顺手合上刀闸杆触电，从梯子上摔下，两手均有电击伤，经抢救无效死亡。

违反条例

违反《国家电网公司电力安全工作规程（变电部分）》第 6.4.2、9.1.5 条规定。

防控措施

1. 当需要增加工作任务时，应由工作负责人征得工作票签发人和工作许可人同意，并在工作票上增添工作项目。

2. 若需变更和增设安全措施，应重新填写工作票，并重新履行工作签发及许可手续。重新分析危险点制订防控措施，编写新《作业指导书（卡）》并履行审批手续。

3. 工作负责人和工作许可人任何一方不得擅自变更安全措施。

4. 运行人员对现场安全措施布置情况进行不定期检查，发现问题及时要求工作负责人进行整改。

图说供电企业典型违章

违章行为 **43**

工作负责人在工作票所列安全措施未全部实施前允许工作人员作业。

还没验电呢!

违章典型表现

工作负责人或临时安全员发现现场安全措施不完善，在运行人员补充完善现场安全措施之前，即先行工作。

»案例

1986 年 4 月 18 日，××电业局××供电局在 10 千伏线改造过程中，更换 16 号电杆（16 号杆为同杆塔并驾线路，上层线路为东西走向，下层线路为南北走向）横担过程中，工作负责人在工作票所列安全措施未全部实施前允许工作人员作业，作业人员李某未进行验电，触电后从高处坠落死亡。

违反条例

违反《国家电网公司电力安全工作规程（配电部分）》第 3.5.1、6.7.2、6.7.3、6.7.4、6.7.5 条规定。

防控措施

1. 全部安全措施应由工作许可人在开工前一次完成。

2. 工作负责人和工作许可人应共同到现场检查所作安全措施是否符合工作票要求，是否符合现场实际，在确定符合要求后，方可办理工作许可手续。

3. 作业人员在安全措施未全部实施前应拒绝作业。

违章行为 **44**

工作班成员还在工作或还未完全撤离工作现场，工作负责人就办理工作终结手续。

违章 典型表现

1. 工作尚未完成或工作已完成但工作班成员未完全撤离现场，工作负责人提前或未通知工作班成员就与运行人员办理工作终结。

2. 工作完毕之后，工作班成员突然想起遗忘工作或去进行核对性的工作，未经工作负责人许可就擅自回到工作现场工作。

» 案例

1981 年 10 月 6 日，××电业局在进行 10 千伏线路停电检修工作中，分为 8 个小组工作。工作负责人忘掉了第二小组尚未撤离工作现场，认为全部工作结束，下令合上线路开关送电，致使正在杆上绑立瓶的第二小组张某、胡某触电坠落，造成人身重伤事故。

违反条例

违反《国家电网公司电力安全工作规程（配电部分）》第 3.7.6 条规定。

防控措施

1. 工作负责人必须得到所有工作小组负责人汇报"工作完毕，人员已撤离，安全措施已拆除（自己作的安全措施）"之后，方可向运行人员提出工作终结的要求。

2. 运行人员在接到工作负责人提出办理工作终结手续的请求后，应再次确认人员全部撤离、工作现场无遗留物。

3. 工作负责人应执行工作终结的各项要求，工作班成员有权拒绝工作负责人的违章指挥。

4. 工作完毕后，工作班成员撤离到指定地点，并指定专人看护，不得私自回到工作现场。

5. 工作班成员突然想起遗忘的工作或去进行核对性的工作，必须立即通知工作负责人，必要时应重新履行相应手续后方可进行工作。

违章行为 45

工作负责人、工作许可人不按规定办理工作许可和终结手续。

你先把字签了！
回头再慢慢验收。

违章 典型表现

1. 现场安全措施不完善，工作负责人未进行安全措施检查，就办理许可手续。

2. 线路工作许可人未按照规范术语进行许可（不指明线路各端的双重编号），许可人未接到现场工作负责人复诵核对就进行许可开工。

3. 工作负责人未就检修工作内容向工作许可人交代或交代不完善，不做工作记录或记录不完整。

» 案例

2009年4月19日，××供电公司检修公司变电检修班在66千伏变电站10千伏小车开关柜内作业，作业人员因工作需要私自装设自带工作接地线。工作结束后，工作接地线没有拆除，工作负责人与工作许可人未进行现场检查验收就办理工作终结手续，送电过程中发生带接地线送电的恶性误操作。

违反条例

违反《国家电网公司电力安全工作规程（变电部分）》第6.6.5条规定。

防控措施

1. 许可人、工作负责人应共同进行现场安全措施检查，共同按照工作票要求，认真核对安全措施，如发现安全措施不完善时，立即停止交代，补充完善措施。

2. 许可人与工作负责人联系时，双方应使用规范术语，严格执行复诵制度，许可人和工作负责人要互相进行监督。

3. 全部工作完毕后，工作班应清扫、整理现场。工作负责人应先周密地检查，待全体工作人员撤离工作地点后，再向运行人员交代所修项目、发现问题、试验结果和存在问题等，并与运行人员共同检查设备状况、状态、有无遗留物件，是否清洁等，然后在工作票上填写工作结束时间。经双方签名后，表示工作终结。

行为违章

装置违章

违章行为 46

进入工作现场，未正确着装。

 典型表现

穿戴不符合规定的服装，如材质、颜色不符合要求、服装破损、服装穿戴不规范、不正确佩戴标识、不正确穿戴标志服等。

» 案例

1988年5月13日，××电业局××供电局工人李某在10千伏××线32右4号变台进行带电负荷测定工作中，未按规定穿绝缘鞋登变台工作，所穿皮鞋鞋跟卡在变台平梯的缝隙中，导致身体失去平衡，扑向变压器C相高压套管触电，从变台摔下，头部受伤，在送往医院途中死亡。

违反条例

违反《国家电网公司电力安全工作规程（配电部分）》第2.1.6条和《国家电网公司电力安全工作规程（线路部分）》第4.3.4条规定。

防控措施

1. 工作中所需个人劳动防护用品应定点存放，方便工作时取用、防止遗漏。
2. 工作前，个人应对穿戴的服装以及劳动防护用品进行外观检查，确保合格、齐备。
3. 现场管理人员或工作负责人应对工作人员穿戴的服装和劳动防护用品，以及佩戴标识或穿戴标志服进行全面检查，确保穿戴整齐和符合规定。
4. 在工作中工作班成员互相监督，现场管理人员或工作负责人随时纠正不符合要求的穿戴行为。

违章行为 47

检修完毕，在封闭风洞盖板、风洞门、压力钢管、蜗壳、尾水管和压力容器人孔前，未清点人数和工具，未检查确无人员和物件遗留。

违章 典型表现

　　检修后，工作负责人不清点人数和工具，不检查确认作业人员。

》案例

　　此类违章行为在省内各单位较为罕见，主要是因为涉及此类的作业非常少，但在将来随着地下管网增多，此类违章行为也可能陆续发生，需要引起大家的注意。

　　（省外）2010 年 10 月 1 日，××公司进行脱硫内部检修工作，在主抽风机停机，脱硫增压风机停机，所有循环泵等电器全部停机，气体检测合格，检修人员进入脱硫塔工作。工作结束后，工作人员赵某未跟随检修人员出来，入口监护人员因上厕所，未及时清点人员，现场就封堵入孔，而导致赵某窒息而亡。

违反条例

　　违反《国家电网公司电力安全工作规程（变电部分）》第 6.6.5 条、16.1.2 条规定。

 防控措施　**1.** 严格执行《国家电网公司电力安全工作规程》和《工作票实施细则》。

　　2. 作业结束后，工作负责人要清点人数和工具，检查确认作业人员撤离工作地点后，办理工作终结，再封闭风洞盖板、风洞门、压力钢管、蜗壳、尾水管和压力容器入孔。

图说供电企业典型违章

违章行为 **48**

不按规定使用合格的安全工器具，如使用未经检验合格或超过检测周期的安全工器具进行作业（操作）。

违章 典型表现

1. 使用前不对安全工器具进行外观检查，使用不符合相应电压等级的安全工器具。
2. 使用未经检验合格或超过检测周期的安全工器具进行作业（操作）。
3. 不正确使用绝缘工器具，倒闸操作不戴绝缘手套，不穿绝缘靴或绝缘手套套在操作手柄上，手套未进行气密性检查。

» 案例

1978 年 11 月 29 日，×× 电业局供电所工人朱某在 ×× 变电所 66 千伏 4 号线恢复送电操作中，不使用专用操作杆，违章使用停电测瓷瓶的竹竿进行操作，刀闸通过竹竿塑料线对身体放电，将朱某右手左脚烧伤。

违反条例

违反《国家电网公司电力安全工作规程（配电部分）》第 14.1.2 条规定。

防控措施

1. 安全工器具每次使用前应进行外观检查，并检查是否试验周期内，电压等级是否正确。
2. 安全工器具应存放于通风良好，清洁干燥的专用工具房内，有缺陷的安全工器具应及时修复、更换，不合格的应及时报废，严禁继续使用。
3. 应按照安全工器具的试验周期进行试验，不使用未经检验合格或超过检测周期的安全工器具。

违章行为 **49**

不使用或未正确使用劳动保护用品，如使用砂轮、车床不戴护目眼镜，使用钻床等旋转机具时戴手套等。

违章 典型表现

1. 工作中为了图省事、怕麻烦而不使用劳动防护用品或单位未配备足够的劳动防护用品。
2. 不能正确掌握劳动防护用品的使用方法。

» 案例

1976 年 4 月 2 日，×× 电业局 ×× 供电所工人贾某在朝阳镇红尼线线路改造工程期间，戴手套使用钻床钻眼，不慎被钻头将手绞住，造成人身轻伤。

违反条例

违反《国家电网公司电力安全工作规程（线路部分）》第 16.4.1.5 条规定。

防控措施

1. 严格执行劳动防护用品的使用规定，现场管理人员和工作负责人应对工作班成员使用劳动防护用品情况进行监督、随时纠正，当发现工作班成员劳动防护用品不合格、不齐备时，应立即制止其工作。
2. 应定期对劳动防护用品检查，缺少的应补齐，有缺陷的应及时修复、更换，不合格的应及时报废，严禁继续使用。
3. 加大正确使用劳动防护用品方法的培训力度，定期进行现场考问或考试。

装置违章

违章行为 **50**

巡视或检修作业，工作人员或机具与带电体不能保持规定的安全距离。

违章 典型表现

1. 由于设备区域狭小，现场条件限制，造成工作人员或机具与带电体不能保持规定足够的安全距离。

2. 由于工作人员疏忽或无意识以及未考虑到所用工具的长度，造成工作人员或机具与带电体不能保持规定的安全距离。

3. 由于机具操控人员操作不当，造成机具与带电体不能保持规定的安全距离。

> **案例**
>
> 1971 年 5 月 28 日，×× 电业局 ×× 供电所工人刘某在 66 千伏 ×× 线 50 号杆带电更换瓷瓶工作中，与带电导线未能保持足够的安全距离，造成感电，将头部及双腿烧伤。

违反条例

违反《国家电网公司电力安全工作规程（线路部分）》第 8.1.1 条规定。

防控措施

1. 如现场条件允许，在工作人员与带电区域间加装绝缘隔板或遮栏等安全措施。

2. 无法保持足够安全距离的，要申请停电进行作业。

3. 工作前认真分析工作地点的危险点，制定防控措施、操作流程，加强现场监护，充分考虑工作人员和所带工具以及在使用时的方位。

4. 工作负责人、机具操控人员以及指挥人员应到现场进行实地勘测，认真分析机具活动区域的危险点，制定防控措施。工作中应加强现场监护，设立专职指挥人员，机具操控人员与指挥人员必须具备相应工作资质。

图说供电企业典型违章

违章行为 **51**

在开关机构上进行检修、解体等工作，未拉开相关动力电源。

违章 典型表现

1. 工作开工时，不拉开开关机构上动力电源。
2. 工作中由于开关传动等工作需要将开关动力电源接入后，不及时断开。

» 案例

2008年7月8日，××供电公司变电检修人员在对220千伏变电站66千伏开关机构进行大修时，未切断动力电源，造成人身低压触电。

违反条例

违反《国家电网公司电力安全工作规程（线路部分）》第6.2条规定。

防控措施

1. 严格执行开工许可手续，将断开开关机构动力电源列入标准化作业指导卡，在开关动力控制电源处，做相应措施。
2. 工作班组需将动力开关电源接入时，必须通知相关专业班组，并派专人进行监护，将此工作列入标准化作业指导卡，按照"谁投入、谁断开、谁负责"的原则，在工作完毕后将动力开关电源拉开。

违章行为 **52**

将运行中转动设备的防护罩打开；将手伸入运行中转动设备的遮栏内；戴手套或用抹布对转动部分进行清扫或进行其他工作。

违章 典型表现

1. 由于日常维护不当造成转动部分防护罩或其他防护设备，漏出轴端和转动设备，造成绕卷衣物伤人。

2. 在转动的运行设备中清扫、擦拭和润滑工作时，把手伸入防护罩内，造成手被转动部分打伤。

3. 戴手套或用抹布对转动部分进行清扫或进行其他工作时造成缠绕伤人。

违反条例

违反《国家电网公司电力安全工作规程（变电部分）》第 7.2.1 条规定。

我们还在里面呢！

设备分布试运行！

» 案例

此类违章行为在省内各单位较少发生，但应认真学习其他行业事故案例，举一反三，吸取事故教训。

（省外）1987 年 11 月 11 日，××电厂 3 号机组大修，3 名检修人员在工作间断后，未办理复工手续，就进入空气预热器调整动静间隙，电气人员进行设备分布试运，先后两次合空预器风罩电动机开关，风罩转动时使 1 名检修人员右脚被卡，当场死亡。

防控措施

1. 加强设备巡视，维护，确保运行转动设备的防护装置牢固。

2. 在机器完全停止转动前，不准进行上述工作，工作中应做好防止机器再次转动的安全措施，工作负责人应在上述工作前进行检查，确认无误后方可进行工作。

3. 严禁戴手套或用抹布对转动部分进行清扫或进行其他工作，工作负责人要对工作人员做好监护。

违章行为 **53**

在带电设备周围使用钢卷尺、皮卷尺和线尺（夹有金属丝者）进行测量工作。

违章 典型表现

由于使用钢卷尺、皮卷尺和线尺(夹有金属丝者)不当，造成与带电设备距离不够，引起设备放电。

» 案例

1998年9月4日，××电业局在进行220千伏变电站改造过程中，土建外包队伍施工人员在测量线构架高度时使用线尺，因当天风大，线尺飘至相邻线路导电部分，致使×××当即触电身亡。

违反条例

违反《国家电网公司电力安全工作规程（变电部分）》第16.1.8条规定。

防控措施 工作人员要使用绝缘测量器具，钢卷尺、皮卷尺和线尺(夹有金属丝者)严禁带入设备区或带电区域。

行为违章

装置违章

055

违章行为 **54**

在带电设备附近使用金属梯子进行作业；在户外变电站和高压室内不按规定使用和搬运梯子、管子等长物。

违章 典型表现

1. 在带电设备附近使用金属梯子进行作业。

2. 使用梯子无人扶持。

3. 单人搬运梯子、管子等危险物品和使用梯子。

4. 人在梯子上时，移动梯子。

5. 站在不牢固的梯子上，或两人在同一梯子上工作，或在梯子上的负荷超重。

6. 在通道上或进出口处使用梯子，无监护人和临时遮栏或围栏。

» 案例

1988 年 6 月 7 日，××电业局××供电局工人王某使用金属梯对运行中的 10 千伏××线 51 右 9 号变台低压熔丝进行检查时，由于变压器 C 相二次引上线穿管处绝缘损坏，导致金属梯带电，发生触电，从 3.3 米处掉下，造成头部摔伤。

违反条例

违反《国家电网公司电力安全工作规程（线路部分）》第 16.1.6 条规定。

防控措施

1. 在带电设备附近使用绝缘梯子进行作业，严禁使用金属梯子进行作业。

2. 梯子必须坚实可靠，在使用前进行认真检查，使用时要先试验一下梯子牢固性。

3. 梯子在使用过程中应严格执行《国家电网公司电力安全工作规程》的相关规定。

違章行为 **55**

进行高压试验时不装设遮栏或围栏，加压过程不进行监护和呼唱，变更接线或试验结束时未将升压设备的高压部分放电、短路接地。

抓紧加压吧，弄围栏太麻烦了…

违章 典型表现

1. 高压试验不装设遮栏、围栏或设置不规范、不清晰、不挂"止步，高压危险！"标示牌。
2. 加压过程中高压试验遮栏（围栏）内或被试设备架构上有试验人员，工作人员监护、呼唱不认真，不复诵。
3. 高压试验完毕后，未放电接地。

» 案例

2004年11月24日，××供电公司电气安装公司承接用户配电室安装工程，完工后进行电缆高压试验时，由于在另一侧电缆头处无监护人员，致使临近土建民工发生人身触电。

违反条例

违反《国家电网公司电力安全工作规程（变电部分）》第14.1.5、14.1.7条规定。

防控措施

1. 按照要求，设置清晰、规范的遮拦（围栏），并向外悬挂"止步，高压危险！"标示牌。
2. 加压前，试验、接线等所有人员离开被试设备，从架构或设备台上下来，并得到试验负责人许可，方可加压。加压时，试验操作人员被试设备保持足够安全距离，并进行监护、呼唱、复诵、确认。
3. 被试设备试验完成后，按要求放电、接地，试验负责人进行检查确认。

违章行为 **56**

在电容器上检修时，未将电容器放电并接地或电缆试验结束，未对被试电缆进行充分放电。

违章 典型表现

1. 电容器上检修未逐相逐个放电。

2. 电缆试验时对端无人把守或未采取绝缘隔离措施。

3. 试验完毕后未充分接地放电。

» 案例

2001 年 5 月 23 日，×× 供电公司所属 ×× 配电公司在对 10 千伏故障电缆进行充电探伤时，未对充电后的电缆及连接电缆的电容器放电，就直接进行拆除工作，导致工作人员被残余电荷击伤，发生一起人身触电轻伤事故。

违反条例

违反《国家电网公司电力安全工作规程（变电部分）》第 15.2.2.3 条和《国家电网公司电力安全工作规程（配电部分）》第 4.4.11 条规定。

防控措施

1. 检修电容器时要使用专用工具逐相逐个放电（含损坏和保险熔断的电容器）。

2. 电缆试验时，对端要派专人把守或采取可靠绝缘隔离措施。

3. 电缆试验完毕后，试验人员要充分放电。

4. 电缆头拆接引等作业人员接触电缆头前，要使用专用工具进行放电。

违章行为 **57**

继电保护进行开关传动试验未通知运行人员、现场检修人员。

开始传动!

违章 典型表现

1. 作业人员擅自投入控制保险、未派人到开关处把守且未通知相关班组工作人员。

2. 未在传动设备上悬挂明显标识。

3. 不通知运行人员随意操作开关把手和压板。

》案例

2003 年 4 月 5 日，××供电公司农电有限公司修试所对 10 千伏开关进行检修试验工作，试验班班长在未通知检修人员的情况下，下令给试验员进行开关传动，导致检修人员王某被开关机构弹簧碰伤，造成一起人身轻伤事故。

违反条例

违反《国家电网公司电力安全工作规程（变电部分）》第 13.11 条规定。

防控措施

1. 现场负责人应履行职责，告知许可人及检修班组征得同意，并派专人到开关处看守。

2. 传动开关时严格按照作业指导书要求进行，工作负责人通知所传动开关的检修人员停止工作，并在设备上悬挂明显标识。

3. 作业人员严禁操作开关把手，操作检修设备连接片应征得运行人员和其检修班组负责人同意。

违章行为 **58**

在继电保护屏上作业时，运行设备与检修设备无明显标志隔开；或在保护盘上或附近进行振动较大的工作时，未采取防掉闸的安全措施。

违章 典型表现

1. 工作的继电保护屏，未与邻近运行的保护装置做明显的隔离措施或隔离措施不完善。

2. 移动保护屏或进行振动较大的工作时，未停用相关保护或未采取防掉闸措施。

》案例

2003 年 7 月 1 日，××供电公司试验所继电保护专业人员在进行用户 66 千伏变电站主变压器保护定检试验过程中，未将运行设备与检修设备设置明显标志隔开，导致传动试验时，对运行中的主变压器开关保护进行试验，造成变电站全站停电。

违反条例

违反《国家电网公司电力安全工作规程（变电部分）》第 13.7、13.9 条规定。

防控措施

1. 在继电保护屏上作业时，应将运行的继电保护屏与检修的继电保护屏前、后设明显标识进行隔离，并在检修的继电保护屏前、后处设置"在此工作！"标示牌。

2. 在同一继电保护屏上同时有检修和运行设备时，应用红幔布（或隔离罩）将运行设备挡住。

3. 工作时要采用振动较小的工作方法，必要时申请将保护停用。

违章行为  **59**

跨越运转中输煤机、卷扬机牵引用的钢丝绳。

 典型表现

跨越运转中卷扬机牵引用的钢丝绳。

> » 案例

2009年8月13日，××供电公司在进行66千伏输电线路张力放线过程中，工作人员张某跨域被牵引的导线，由于导线与牵引绳连接处脱开，使张某左腿被导线抽断，造成人身重伤事故。

违反条例

违反《国家电网公司电力安全工作规程（线路部分）》第11.1.8条和《国家电网公司电力安全工作规程（配电部分）》第16.2.3条规定。

防控措施 牵引用的钢丝绳尽量避开道路设置，不能避开道路设置情况下在卷扬机运转时应设专人看护，严禁人员跨越。

违章行为 **60**

吊车起吊前未鸣笛示警或起重工作无专人指挥。

违章 典型表现

1. 吊车起吊前未鸣笛示警。
2. 起重作业时未派专人指挥。

» **案例**

2005 年 4 月 1 日，××供电公司输电检修班在进行线路铁塔过程中，工作负责人在铁塔起吊点挂好钓钩，其他作业人员正在手扶铁塔，吊车司机见钓钩已挂好，在未鸣笛示警及未听从工作负责人指挥的情况下，私自起吊，导致手扶铁塔人员被刮伤。

违反条例

违反《国家电网公司电力安全工作规程（线路部分）》第 9.3.1 条和《国家电网公司电力安全工作规程（配电部分）》第 6.3.1 条规定。

防控措施

1. 加大对吊车司机的培训力度，规范起重作业行为。
2. 吊车起吊前鸣笛示警。
3. 作业时应设专人指挥，指挥人员应经过专门培训，使用规范的口令及手势。
4. 无专人指挥时，吊车司机应拒绝作业。

违章行为 **61**

在带电设备附近进行吊装作业，安全距离不够且未采取有效措施。

(违章)典型表现

在带电设备附近进行吊装作业，安全距离不够且未采取有效措施。

> 》案例
>
> 2008 年 3 月 9 日，××供电公司在进行 10 千伏线路组立 15 米钢管塔作业中，吊车司机在进行起吊作业行为时，由于吊臂与 10 千伏高压带电部位安全距离不足，致使工作班人员李某去挂钓钩时发生人身感电，经紧急抢救无效死亡。

(违反条例)

违反《国家电网公司电力安全工作规程（变电部分）》第 17.2.3.4 条、《国家电网公司电力安全工作规程（线路部分）》第 14.2.9.4 条和《国家电网公司电力安全工作规程（配电部分）》第 6.3.12 条规定。

防控措施

1. 作业人员进行吊装作业前必须提前勘查现场，制定可行性措施，按要求审批。没有审批措施，运行人员不予许可开工。
2. 安全距离不够时，应采取有效措施防止摆动，满足最小安全距离。

违章行为 **62**

在起吊或牵引过程中，受力钢丝绳周围、上下方、内角侧和起吊物下面，有人逗留和通过。吊运重物时从人头顶通过或吊臂下站人。

违章 典型表现

在起吊或牵引过程中，受力钢丝绳周围、上下方、内角侧和起吊物下面，有人逗留和通过。吊运重物时从人头顶通过或吊臂下站人。

» 案例

1986 年 4 月 1 日，××供电公司电气安装公司在新建 220 千伏 11~23 号塔紧线作业中，新架设导线为 240 毫米² 复导线，紧线使用 400 毫米² 的卡线器，当紧 C 相外侧导线时，卡线器突然脱落跑线，导线将站在多余导线圈内的郭某拦腰勒住，经抢救无效死亡。

违反条例

违反《国家电网公司电力安全工作规程（线路部分）》第 9.4.4 条和 14.2.5 条、《国家电网公司电力安全工作规程（配电部分）》第 6.4.7 条和 14.2.3 条规定。

防控措施

1. 加强现场作业人员安全教育培训，认识到逗留和通过受力钢丝绳周围、上下方、内角侧和起吊物下面的危害性。
2. 在牵引绳受力钢丝绳周围、内角侧设置警示性标志或围栏。
3. 设专人看守，必要时增加看守人员。
4. 指挥信号规范、明确，除指挥手势外，增加吹哨信号。

违章行为 63

龙门吊、塔吊拆卸（安装）过程中未严格按照规定程序执行。

倒了！救命！

违章 典型表现

1. 顶升作业，未将回转机构与顶升套架通过耳板销轴连接。
2. 私自拆除回转机构与基础节已连接螺栓、螺母。

》**案例**

因省内使用龙门吊、塔吊作业较少，近年未发生类似违章行为，但各单位应举一反三，深刻吸取事故教训。

（省外）2008 年 4 月 12 日，××电力公司所属施工企业承建××电厂（2×350 兆瓦）主厂房工程，拆除塔机过程中，由于违反作业顺序、安装拆卸管理不到位，导致塔吊吊臂倾翻倒塌，造成 2 名工作人员随塔臂高空坠落死亡。

违反条例

违反《国家电网公司电力安全工作规程（变电部分）》第 17.1.10 条规定。

防控措施

1. 龙门吊、塔吊拆卸（安装）过程中要制定有针对性的组织措施、技术措施和安全措施。
2. 严格落实作业方案的编制审批、现场标准化作业等管理要求。
3. 顶升作业，按规定将回转机构与顶升套架通过耳板销轴连接。

违章行为 64

在高处平台、孔洞边缘倚坐或跨越栏杆。

违章 典型表现

1. 孔洞边缘盖板打开，站在边缘工作，栏杆外作业，以栏杆为支撑进行工作或为图方便随意跨越围栏。

2. 在新开挖的杆塔坑边休息。

» 案例

1992 年 9 月 7 日，××供电公司农电局修试所进行变电站保护装置敷设二次电缆作业中，作业人员刘某在保护室至电缆竖井的孔洞处提拉电缆，在工作中因劳累，倚坐在孔洞边缘休息，因电缆回拉导致坠落，引发人身轻伤事故。

违反条例

违反《国家电网公司电力安全工作规程（变电部分）》第 18.1.14 条规定。

防控措施

1. 在孔洞边缘工作时应在边缘加盖板，孔洞平台周边应加设警示灯，此类工作应设专人监护。

2. 严肃现场纪律，对不按检修通道行走的行为，一经发现要严肃考核。

3. 工作前检查栏杆是否牢固，有无锈蚀损坏，在平台孔洞边缘工作时系安全带加二次保护绳，严禁跨越栏杆作业，要有防止高摔的措施。

4. 工作人员在工作中对存在的危险不能采取有效防控时有权拒绝工作。

5. 在杆塔坑开挖前工作负责人要向全体工作人员宣布开挖及中间休息的有关规定，现场负责人要在现场监护、监督。

违章行为 **65**

高处作业不按规定搭设或使用脚手架。

违章 典型表现

1. 搭用脚手架不合格。
2. 脚手架因地形等原因，搭建不稳固。

案例

> 1998年6月24日，××供电公司外委单位新建66千伏变电站控制楼，在进行外墙窗口抹灰施工时，因脚手架扣件安装松散导致其断裂，致使两名工人从距离地面8米左右的高处坠落，造成一人死亡、一人重伤。

违反条例

违反《国家电网公司电力安全工作规程（变电部分）》第18.1.17条规定。

防控措施

1. 执行DL5009.3—2013《电力建设安全工作规程　第3部分：变电站》中搭建脚手架的相关要求，杜绝搭建不合格脚手架现象。
2. 工作负责人要检查脚手架施工质量。
3. 工作班成员工作前应检查脚手架（已搭建）施工质量，脚手架不合格、有缺陷的立即汇报工作负责人，拒绝上架工作。
4. 加强施工作业前的现场勘查，制定详细施工方案。
5. 工作负责人对高处作业进行现场勘查后对施工地点进行危险辨识。

违章行为 66

擅自拆除孔洞盖板、栏杆、隔离层或因工作需要拆除附属设施时不设明显标志并及时恢复。

1. 拆除孔洞盖板、栏杆、隔离层或因工作需要拆除附属设施时，不设明显标志。
2. 工作间断或终结时，孔洞盖板（遮栏）未及时恢复。

» 案例

2009年8月17日，××供电公司变电检修班对66千伏变电站进行施工改造。3名工作班成员将电缆沟盖板移开进行控制电缆拆除及更换工作，由于施工现场未设置警示标志，导致工作班成员两人搬运已拆除的旧构架过程中，张某右脚踩空跌倒在电缆沟中，构架脱手砸在左脚上，致使其右脚骨折，造成一起人身伤害事故。

违反条例

违反《国家电网公司电力安全工作规程（变电部分）》第16.1.2条规定。

防控措施

1. 在工作中电缆沟盖板掀开后应用围栏围起，设置警示标识或设专人监护。
2. 作业前开展风险分析，对工作需要必须拆除附属设施的作业，制定防范措施。
3. 设专人每天作业前和作业后检查现场的孔洞盖板、栏杆、隔离层处于正确位置。
4. 开启电缆井井盖、电缆沟盖板及电缆隧道入孔盖时应使用专用工具，同时注意所站立的位置，以免滑脱后伤人。
5. 继续作业前应对孔洞、盖板、遮栏进行检查。
6. 未经工作负责人许可，不可擅自拆除围栏或标识。
7. 工作人员撤离电缆井或隧道后，应立即将井盖盖好，以免行人碰盖后摔跌或不慎跌入井内。

违章行为 **67**

进入蜗壳和尾水管未设防坠器和专人监护。

(违章) 典型表现

应使用防坠器而不使用,专责监护人员未履行工作职责。

» 案例

此类违章行为在省内各单位比较罕见,但应认真学习其他行业事故案例,举一反三,吸取事故教训。

(省外) 1984 年 9 月 27 日,××电厂进行施工检修作业。作业人员吴某在无人监护和未使用防坠器的情况下,擅自进入尾水管,发生坠落事故,致使其左腿骨折,造成一起人身伤害事故。

(违反条例)

违反《国家电网公司电力安全工作规程(水电厂动力部分)》第 8.2.2 条和《国家电网公司电力安全工作规程(变电部分)》第 16.2.2 条规定。

防控措施
1. 严格执行《国家电网公司电力安全工作规程》及《工作票实施细则》。
2. 定期对变电站(生产厂房)外墙、竖井等设有固定的爬梯进行检查和维护。
3. 垂直爬梯应设置人员上下作业的防坠安全自锁装置或速差自控装置,并制定相应的使用规定。

行为违章

装置违章

违章行为 **68**

凭借栏杆、脚手架、瓷件等起吊物件。

 违章 典型表现

凭借栏杆、脚手架、瓷件等起吊物件。

» **案例**

2000 年 10 月，××供电公司进行农网改造施工过程中，外来施工单位作业班组在进行更换变台变压器时，利用蝶式绝缘子代替滑轮组起吊变压器，在起吊过程中，绝缘子破裂，造成变压器掉落地面，低压套管碰到变台支架角钢后破裂漏油，致使变压器破损严重。

违反条例

违反《国家电网公司电力安全工作规程（配电部分）》第 16.1 条规定。

防控措施

1. 加强《国家电网公司电力安全工作规程》培训，严格按照规定使用合适、合格的专用起吊工具。

2. 操作人员严格按照作业指导书（卡）进行各项操作，作业人员不得利用栏杆、脚手架、磁件等起吊物件。

违章行为

高处作业人员随手上下抛掷器具、材料。

违章 典型表现

1. 高处作业人员传递工器具不使用传递绳。
2. 电气设备（杆塔）引线拆接过程中紧固螺栓、工具没有装入工具袋内或随意摆放产生坠落。

» 案例

2009年7月，××供电公司在进行10千伏配电线路停电检修作业过程中，工作负责人带领工作班成员进行立瓶更换工作。工作中作业人员在杆上随意向地面抛掷器材，抛掷时未通知地面人员，导致地面工作负责人李某肩部被砸，造成肩部轻微骨裂。

违反条例

违反《国家电网公司电力安全工作规程（变电部分）》第18.1.13条和《国家电网公司电力安全工作规程（配电部分）》第17.1.5条规定。

防控措施

1. 传递工器具应使用传递绳，并有防止绳子飘到带电体或晃动的措施。
2. 严格遵守管理制度，传递工器具使用传递绳，上下传递物件应用绳索拴牢传递，严禁上下抛掷。
3. 现场监护人员加强安全监护，工作区域处设置安全围栏。
4. 严格遵守《国家电网公司电力安全工作规程（线路部分）》中的规定，高处作业应使用工具袋。上下传递物件应使用绳索拴牢传递，严禁上下抛掷。

违章行为 **70**

在行人道口或人口密集区从事高处作业，工作地点的下面未设围栏、未设专人看守或采取其他安全措施。

（违章）典型表现

1. 在行人道口或人口密集区从事高处作业，工作地点的下面不布置围栏。

2. 杆塔上工作，地面不设围栏。

》案例

1967年7月25日，××电业局配电班在10千伏配电线路停电作业工作中，当工作即将结束，拆除13号杆过道路水平拉线杆上紧线用的滑车和钢丝绳时，因跨越道路的钢丝绳弛度低，被行驶的汽车刮住带走，将卷钢丝绳的机具抽到水平柱杆上，打到路边工作人员腿上造成骨折。

（违反条例）

违反《国家电网公司电力安全工作规程（线路部分）》第10.13条和《国家电网公司电力安全工作规程（配电部分）》第4.5.12条规定。

防控措施

1. 工作票签发人和工作负责人进行现场勘察并做好记录。

2. 根据现场勘察结果进行危险分析和风险评估，做好预控措施。

3. 在高处作业现场，工作人员不得站在作业处的垂直下方，高空落物区不得有无关人员通行或逗留，设专人看管。

4. 在进行杆塔上工作前，工作负责人要认真检查地面安全措施的设置是否齐全满足现场工作的需要。

违章行为 **71**

在梯子上作业，无人扶梯子或梯子架设在不稳定的支持物上，或梯子无防滑措施。

违章 典型表现

单杆支持的电气设备(如避雷器、电流互感器、电压互感器)上作业，
梯子无防滑措施。

» **案例**

2008 年 5 月，××供电公司故障报修班在进行低压故障报修时，
使用的梯子未采取防滑措施，梯子发生侧滑，导致工作人员王某从梯子上摔下，造成手臂骨折。

违反条例

违反《国家电网公司电力安全工作规程（配电部分）》第 17.4.1 条规定。

防控措施

1. 现场作业负责人要认真勘察现场确定稳定的支撑物；如不设专职扶持梯子人员或未采取固定措施，不允许进行工作。
2. 按规定在使用前检查梯子有无防滑装置，无防滑装置梯子应禁止使用并不得带入工作现场。
3. 工作班人员上梯前检查梯子是否坚固完整、具有防滑措施。
4. 梯子采取固定措施，不许靠挂在设备上。

违章行为 **72**

不具备带电作业资格人员进行带电作业。

违章 典型表现

1. 经过带电培训，但没有取得带电资格的人员进行带电作业。

2. 不具备带电工作能力的人员冒险作业。

» **案例**

1977 年 5 月 1 日，××电业局在更换 10 千伏配电线路 4 号杆 B 相针式绝缘子工作时，作业人员朱某（未经带电作业实际操作培训）采用绝缘斗臂车等电位方法作业。在拆开被更换针式绝缘子的绑线后，用左肩扛导线，用右手取被更换针式绝缘子时，右手触及铁横担，造成弧光接地触电，抢救无效死亡。

违反条例

违反《国家电网公司电力安全工作规程（配电部分）》第 9.1.2 条规定。

防控措施

1. 对工作现场加强安全监督，严禁未取得带电资格的人进行带电作业。

2. 从事带电作业人员应取得相关资质证件，应经现场实际操作培训掌握相关的操作过程。

3. 现场参加带电作业人员应经专门培训，取得相关资质证件，并了解现场作业中使用的各类工器具材料性能、结构部件及操作方法，经现场实际操作培训掌握相关的操作过程。

4. 发现不具备带电工作能力的人冒险作业，要严格进行考核。

违章行为 **73**

登杆前不核对线路名称、杆号、色标。

11-2号杆就是这根!

违章 典型表现

在得到开工令后，不认真核对线路名称和杆号、色标，安全措施和安全距离就盲目登杆作业。

» 案例

1985 年 9 月 14 日，×× 电业局配电班在进行 10 千伏线路停电作业过程中，小组负责人和组员准备前往停电线路 2 号杆作业时，因其位置在沟堤上需绕行。在走到带电的其他线路处时，因周边是玉米地，故没有核对线路名称和杆号就登杆作业，造成工作人员登错电杆触电重伤。

违反条例

违反《国家电网公司电力安全工作规程（配电部分）》第 6.2.1 条第 1 款规定。

防控措施

1. 严格履行开工手续，在对现场的设备核对无误后向全体工作人员交代停电范围注意事项及现场安全措施，工作班成员签字确认。

2. 工作负责人在现场布置工作任务时应向工作班成员指认工作线路双重编号、称号、位置并发给相应的识别标识。同杆并架线路设专人监护，以防误登有电线路杆塔。

3. 作业现场有同杆架设、平行、邻近、交叉跨越线路时，工作票签发人应向工作负责人特别具体交代，工作班成员要全部确认无误后再签字。

4. 在杆上设置明显的名称、杆号、色标，并认真执行作业指导书的一地一卡制度。

5. 作业人员登杆塔前必须先核对色标和杆号。

违章行为 **74**

登杆塔前不检查基础、杆根、爬梯和拉线是否正常。

违章 典型表现

1. 登杆前不检查爬梯连接螺栓是否牢固或丢失，就登杆作业。

2. 拉门塔登塔前不检查拉线、塔脚。

» **案例**

1973 年 8 月 22 日，××电业局所属××供电所在进行 10 千伏××分线 11 号更换 12 米水泥杆作业过程中，赵某在登杆前未检查杆根是否正常，未发现埋深不够的隐患，在登杆时发生倒杆，赵某随杆倒下，经抢救无效死亡。

违反条例

违反《国家电网公司电力安全工作规程（配电部分）》第 6.2.1 条第 2 款和《国家电网公司电力安全工作规程（线路部分）》第 9.2.1 条规定。

防控措施

1. 加强管理及巡视，及时发现和更换有明显开裂、露筋严重、严重风化及腐蚀等电杆。

2. 严格按照《现场标准化作业指导书》作业，在危险预控措施中必须包括登塔前检查拉线、塔脚步骤。

3. 登杆前，检查电杆外观，确认无明显的裂纹，有裂纹杆严禁攀登。

4. 在未采取有效防止倒、断杆措施前，不得强行登杆；工作负责人要对现场工作作出预判，若确需在该电杆上作业，应采用斗臂车、升降平台等方式。

违章行为

组立杆塔、撤杆、撤线或紧线前未按规定采取防倒杆塔措施或采取突然剪断导线、地线、拉线等方法撤杆撤线。

违章 典型表现

1. 施工作业方案中没有制定详细的防倒杆塔，或撤杆撤线措施。

2. 施工人员没有认真执行作业方案或执行方案有纰漏。

 案例

1986 年 11 月 29 日，×× 电业局 ×× 电局配电站在 10 千伏 ×× 支线

5 左 1 号台区进行更低压线作业时，作业人员王某违反规程采用突然剪断导线的方法撤线，导线剪断后，木杆发生倾倒，工作人员李某随杆倒下，造成前颅骨、颅底骨骨折、内脏损伤，经抢救无效死亡。

违反条例

违反《国家电网公司电力安全工作规程（配电部分）》第 6.4.9 条和《国家电网公司电力安全工作规程（线路部分）》第 9.4.6 条规定。

 防控措施

1. 在线路施工前要求施工单位制定详细的施工方案，并经上级审批签字。

2. 认真执行《国家电网公司电力安全工作规程》要求，严禁采用突然剪断导地线、拉线的方法撤杆。

3. 立杆后，杆根应夯实，打好临时拉线，临时拉线应有足够的强度。四侧拉线应受力均匀，锚固定可靠，方可登杆作业。

4. 不得用铁丝、纤维绳索作为临时拉线，临时拉线不得固定在可能移动或其他不牢靠的物体上。

5. 设备管理部门现场工作负责人应加强现场审查力度，制定检查表，执行每项工作签字手续。

行为违章

装置违章

违章行为 **76**

动火作业不按规定办理或执行动火工作票。

违章 典型表现

动火作业不使用动火工作票，如使用气焊切割角铁未办理动火工作票。

» 案例

2004 年 12 月 3 日，××供电公司下属农电有限公司在 66 千伏变电站 10 千伏设备停电作业过程中，变电检修人员使用喷灯进行电缆做头时，未按照规程要求执行动火工作票，现场未进行危险点分析，也未采取防控措施，导致作业人员作业过程中烧伤配合其施工的临时雇佣人员手臂，引发一次人身轻伤事件。

违反条例

违反《国家电网公司电力安全工作规程（变电部分）》第 16.6 条规定。

防控措施

1. 动火作业必须使用动火工作票，现场检查发现违章严厉考核。
2. 作业人员必须经考试合格方可参加工作，严格按照动火工作票中所列安全措施施工作业。
3. 作业人员开工前应对周围环境进行检查，确无火灾隐患方可工作，对有可能引发物品的要采取清理隔离措施并设置灭火器。

违章行为 **77**

特种作业人员不持证上岗或非特种作业人员进行特种作业。

违章 典型表现

1. 作业现场不携带特种作业证或特种作业证过期未检。
2. 不具备特种作业资格的人员从事特种作业。如无吊车指挥资格证人员指挥吊车工作。

» **案例**

2010 年 4 月 5 日，××供电公司下属农电有限公司在敷设 10 千伏高压电缆作业过程中，工作人员张某没有经过培训，也未获得有关部门颁发的电焊职业资格证书，即进行电焊作业。因其技术生疏，导致在焊接电缆护管时烧损电缆，致使工作票延期，造成 10 千伏配电线路晚送电 4 个小时的责任事件。

违反条例

违反《国家电网公司安全工作规定》第四十一条第四款的规定。

防控措施

1. 工作负责人在安排工作时，检查特种作业人员携带特种作业证（或清晰的复印件）。对没有资质和证件过期的人员不安排特种作业工作。
2. 工作时携带特种作业证（或清晰的复印件）并保证有效未超期使用。
3. 在从事特种作业前须取得特种作业证，无证禁止从事此项工作，现场进行严格检查。
4. 对特种作业证集中管理。在特种作业证到期前组织的相关人员办理新证。

违章行为 **78**

未履行有关手续即对有压力、带电、充油的容器及管道施焊。

违章 典型表现

未办理动火手续进行电容器、站变油箱、油枕等进行焊接。

早晚是我的活，先焊上吧！

» 案例

2001 年 4 月 21 日，××供电公司在 66 千伏变电站停电秋检作业过程中，变电检修工作负责人未履行有关手续即令工作班成员对充油的电压互感器施焊，导致电压互感器烧损设备事件发生。

违反条例

违反《国家电网公司电力安全工作规程（变电部分）》第 16.5.1 条规定。

防控措施

1. 检查作业人员工作前是否履行工作许可手续，危险点防范措施是否到位。
2. 不准在带有压力、带电、充油容器和管道上进行施焊作业，特殊情况下，必须采取安全措施，并经主管生产领导批准。工作负责人作业前办理动火手续，签动火工作票。
3. 对充油设备进行施焊，应采取相应的防火措施。

图说供电企业 典型违章

违章行为 **79**

在易燃物品及重要设备上方进行焊接，下方无监护人，未采取防火等安全措施。

》**案例**

2009 年 8 月 13 日，××供电公司检修分公司进行 66 千伏变电站改造工程。在未履行有关手续也没有监护人情况下，变电检修 1 名工作人员在气瓶附近焊接 66 千伏架构地线，导致气瓶燃烧爆炸，当场死亡。

违章 典型表现

1. 在易燃物品及重要设备上方进行焊接，下方无监护人。如电流互感器架构、隔离开关架构、电容器油箱焊接。

2. 在易燃物品及重要设备上方进行焊接，未采取防火等安全措施。如工作现场未设置灭火器、安全围栏。

违反条例

违反《国家电网公司电力安全工作规程（变电部分）》第 16.5.3 条规定。

防控措施

1. 在易燃物品及重要设备上方进行焊接，工作负责人应安排有经验的工作人员进行焊接。工作负责人应设置专职监护人，严禁责任心不强的人员进行专职监护，严禁监护人员从事其他工作。

2. 工作负责人作业前进行现场勘查，确认焊接点与易燃物品及重要设备保持不小于 5 米的安全距离，同时根据现场的情况开展风险评估制定可靠的安全措施。现场做好防火预案设置灭火器。

3. 作业人员应确认焊接点与易燃物品及重要设备保持大于 5 米的安全距离，有可靠的隔离或防护措施。否则不能进行焊接作业。

行为违章

装置违章

违章行为 **80**

易燃、易爆物品或各种气瓶不按规定储运、存放、使用。

 典型表现

现场工作不按规定摆放易燃、易爆物品。

违反条例

违反《国家电网公司电力安全工作规程（变电部分）》第 16.5.6 条规定。

防控措施

1. 现场应有特定的易燃、易爆物品或各种气瓶存放位置。
2. 车辆储运易燃、易爆物品或各种气瓶，应有专人负责。

违章行为 **81**

水上作业不佩戴救生措施。

我水性好，不需要救生衣

典型表现

工作班成员凭经验作业，不佩戴救生措施。

» 案例

2013 年 8 日 17 日，××供电公司配电人员王某在河道内进行水毁抢修作业时，未穿救生衣，由于洪水过大而溺水，造成人身轻伤事件。

违反条例

违反《国家电网公司电力安全工作规程（线路部分）》第 7.1.2 条规定。

防控
措施

1. 对水上作业应制定相应的管理规定。

2. 水上作业时，必须按照管理规定佩戴救生措施。

ZHUANGZHI
WEIZHANG

装置违章

违章典型表现

案　　例

违反条例

防控措施

安全距离(米) 电压(千伏) 地区类型	35~110	154~220	330	500
居民区	7	7.5	8.5	14
非居民区	6	6.5	7.5	11
交通困难地区	5	5.5	6.5	8.5

0.4米

违章行为 82

高低压线路对地、对建筑物等安全距离不够。

(违章)典型表现

1. 因线下违章建房或人为抬高地面等引起的安全距离不够。
2. 社会团体和企事业单位或个人线下违章植树。

» 案例

2015 年 6 月 15 日，××供电公司所辖 66 千伏输电线路，因轨道交通集团有限责任公司在线路下方堆放施工渣土，导致线路对地距离严重不足（0.4 米），在供电公司多次下达《隐患整改通知单》并向政府机构备案的情况下，责任单位拒不整改，造成一起意外人身触电死亡事件。

违反条例

违反 DL/T 741—2010《架空输电线路运行规程》第 10.1 条规定。

防控措施

1. 加强运行巡视，及时发现线下违章现象以及对地和对建筑物距离不足、塌陷区、老旧等线路等缺陷。
2. 大力开展就地护线工作，不定期地开展护线教育。
3. 制定方案，如采取加高导线等方案处理对地距离不满足要求的缺陷。
4. 对有关违章人员下达隐患整改通知书，必要时，请政府出面协调。
5. 加强运行巡视，及时发现线下违章植树引起的不安全现象。

高压配电装置带电部分对地距离不能满足规程规定且未采取措施。

违章 典型表现

1. 居民或企事业单位在变台周围堆积物品、货物超过规定要求。
2. 地面或公路因修整而使地面升高。
3. 变台或基础下陷。

不足2米

» 案例

1996 年 5 月 17 日 16 时，××供电公司下属农电有限公司供电所人员在处理高压配电室 10 千伏刀闸触点放电缺陷时，未向所长请示，独自到现场进行修理。因 10 千伏乙刀闸下口对地距离不够，工作人员手持工具靠近乙刀闸过程中发生人身感电伤害事件。

违反条例

违反《国家电网公司电力安全工作规程（配电部分）》第 7.3.4 条规定。

防控措施

1. 加强巡视检查力度，及时发现变台周围堆放物品。
2. 加大安全用电宣传教育工作，不定期地开展护电教育工作。
3. 加强设备巡视检查力度，利用巡线测距工具及时准确地测量出带电线路与地面的准确距离，及时发现地面升高隐患，下达隐患通知书限期整改。
4. 加大《中华人民共和国电力法》宣传教育工作，不定期地开展护电教育工作。
5. 加强巡视检查力度，及时发现变台基础变位现象。
6. 发现变台或基础下陷，组织人员进行现场勘察，及时进行改造。

装置违章

违章行为 **84**

金属封闭式开关设备未按照国家、行业标准设计制造压力释放通道。

 违章 典型表现

　　金属封闭式开关没有压力释放通道。

> **» 案例**

此类违章行为在省内较少发生，公司所属各单位已按照《国家电网公司十八项电网重大反事故措施》相关要求对设备进行了改造，但仍不能放松警惕，需举一反三，深刻吸取相关事故教训。

（省外）2009 年 9 月 30 日，×× 供电公司 ××220 千伏变电站因开关柜未按照国家标准、行业标准设计制造，未按照产品说明书设置压力释放通道，不满足金属封闭式开关柜内部电弧情况下对人员防护的要求，发生一起 10 千伏开关柜内部三相短路事故。电弧产生热浪冲出柜门，造成 2 名在开关柜外进行现场检查的运行值班员被电弧灼伤，其中 1 人死亡，另 1 人受重伤。

违反条例

　　违反《国家电网公司十八项电网重大反事故措施》第 12.3.1.2 条规定。

防控措施　新购置金属封闭式开关时要对制造厂商提出技术要求，改造老旧金属封闭式开关增加压力释放通道。

违章行为 85

待用间隔未纳入调度管辖范围。

(违章) **典型表现**

1. 新投设备母线连接排、引线已接上母线的备用间隔无名称、编号，且未列入调度管理。

2. 老旧变电站待用间隔无双重名称。

3. 变电站新上间隔后投运期间未纳入调度管理。

(违反条例)

违反《国家电网公司电力安全工作规程（变电部分）》第5.1.8条规定。

防控措施

1. 应严格依据调度管理规程的要求，提出投运设备申请，有关管理部门应及时提供备用间隔名称、编号。

2. 投运运行设备的同时，将备用间隔一并纳入调度管理范围。

3. 值班人员应制定严密的安全措施，并纳入运行管理范畴，在设备上应安装双重名称标示牌。

4. 由调度部门负责下发调度编号和名称，运行单位根据调度下发的名称和编号完善待用设备的双重名称。

5. 变电站值班人员应加强对待用间隔双重名称的检查，及时上报工区，由工区督促完善。

装置违章

» **案例**

2001年8月20日，××供电公司进行变电站新建10千伏待用一线开关柜传动试验。该开关柜（电磁型）已与母线接引，但未纳入调度管辖范围，故该项作业未请示调度，工作班在现场只开了一张第二种工作票即开始工作。作业开始后，工作班成员王某与厂家人员负责安装刀闸操作把手防误锁。在厂家人员提出在甲刀闸合闸位置试试防误锁是否可以上锁时，王某未汇报工作负责人及运行人员，也未通知其他工作班成员，即合上甲刀闸，此时保护室内工作人员恰好合上10千伏待用一线开关，导致厂家人员刘某在取敞开状态的高压网门内的工具时，发生人身感电。

089

违章行为 **86**

电力设备拆除后，仍留有带电部分未处理。

违章 典型表现

1. 拆除部分固定连接引线，一部分停运而另一部分带电维持运行，其安全措施不完备。

2. 二次设备已退出运行，其专用的一次设备（如一些耦合电容器、结合滤波器、阻波器等设备）仍在运行。

3. 高压柜内开关已拆除但母线刀闸还带电。

4. 配电变压器拆除后其高压跌落式熔断器还带电。

5. 配网用户变压器已拆除，但分支线路还带电。

违反条例

违反《国家电网公司电力安全工作规程（线路部分）》第8.2.2条规定。

防控措施

1. 作业前应进行现场勘察，对保留的带电部位做好记录，进行危险点分析及风险评估，制定现场安全措施，必要时增设专人监护。

2. 在带电点增设专责监护人，设置围栏，在其架构及可攀登部位做好警示安全措施。

3. 现场工作人员严格执行"两票"及标准化作业书，确认危险点并履行确认手续。

» 案例

2001年4月20日，××供电公司农电有限公司在所属10千伏配电线路上进行更换作业，其中新铺设的东西走向导线跨越已废弃多年的××厂专用低压导线，厂区原变台虽已拆除，但专用低压导线另一侧未与厂房内电源空气断路器断开，故而专用低压导线带电。现场工作负责人误以为废弃线路不带电，未向工作班成员交代相关危险点即开始工作。工作班成员张某在进行登杆拆过引线过程中，断开的引线搭在带电的低压导线上，使其触电坠落，医治无效死亡。

违章行为 87

变电站无安防措施。

违反条例

国家电网公司 Q/GDW 231—2008《无人值守变电站及监控中心技术导则》第 5.9 条规定。

违章 典型表现

1. 变电站未安装监控摄像、防盗报警、脉冲防护电网等防护设施。

2. 变电站安全保卫装置和设施故障。

3. 脉冲电网和主变压器消防未接入监控中心

装置违章

防控措施

1. 加强管理,由有关职能部门负责组织统一管理、统一计划、及时安装,并保证装置可靠、安全、能用、好用。

2. 安防措施应包含设置警告标志和警示语言,防止误伤他人。

3. 完善变电站保卫装置和设施的日常管理,坚持经常性的检查检测,确保安全可靠。

4. 发现问题后,按设备缺陷向上级汇报。

5. 加强巡视、巡逻力度,提高安全警卫意识。

6. 完善工作方案和计划,尽快进行整改,落实安装工作。

7. 对暂不能实现者,制定临时预控措施。

违章行为 **88**

易燃易爆区、重点防火区内的防火设施不全或不符合规定要求。

》案例

2006 年 4 月 6 日，××供电公司 220 千伏电力电缆隧道内由于电缆头质量问题发生绝缘击穿着火。因工期和季节等原因，电缆隧道内防火报警系统和防火隔离墙、防火门等工程未能及时完工与主体工程同时投产。发生火灾时，由于无法采取有效措施，导致多条 220 千伏、66 千伏输电线路同时停电，减供负荷 48 兆瓦。

违反条例

违反《国家电网公司十八项电网重大反事故措施》第 18.1.2 条规定。

没有防火设备啊！

违章典型表现

1. 变电站排油注氮消防系统未按反措要求进行回路改造。
2. 变电站主变压器区域的消防器材未按要求配置或试验超期。
3. 未按要求在电缆沟等处装设防火墙，电缆孔洞未封堵。
4. 油库消防器配备数量不够。

防控措施

1. 按照反措要求，制订实施计划，逐步实施。
2. 对于未能立即达到反措要求的变电站，制定严密管理办法。
3. 作业人员在遇有此类主变压器工作时，及时上报有关部门，采取防止引起误动的措施。
4. 严格执行电力设备典型消防规程，配置合格的消防器材。
5. 对消防器材按照要求进行定期检查。
6. 对照电力设备典型消防规程，全面开展检查，及时加装电缆防火墙并封堵孔洞。
7. 发现火灾隐患后及时上报，严格执行消防规程的要求，在相应地点采取防火措施。
8. 按有关消防管理规定及重大危险源管理要求，定置、定量配备各种所需的消防器材，并制定合理的消防器材管理检查制度。

设备一次接线与技术协议和设计图纸不一致。

违章 典型表现

现场工作人员未对现场设备接线方式与设计图纸进行核对，未交代危险点及安全措施。

》案例

2012 年 7 月 20 日，××供电公司 66 千伏变电站进行 10 千伏 1 段电压互感器更换作业，因设备厂家提供的 10 千伏手车式母线电压互感器柜中电压互感器和避雷器一次接线与设计图纸以及技术协议不符，未将 10 千伏母线避雷器接在母线设备间隔高压熔丝小车之后，而是将 10 千伏避雷器直接连接在 10 千伏母线上。拉出 10 千伏母线电压互感器高压熔丝小车后，10 千伏避雷器仍然带电。而作业人员吴某误认为 10 千伏 1 段电压互感器及避雷器均已无电，当其触碰到带电的避雷器上部接线桩头时，造成人员触电伤害。

怎么跟设计图纸不一样啊！

违反条例

违反《国家电网公司防止电气误操作安全管理规定》国家电网安监〔2006〕904 号第 3.3.1.3 条和《国家电网公司电力安全工作规程（变电部分）》第 13.6 条规定。

防控措施

1. 设备投运验收时，要认真核对设备接线方式是否与技术协议、设计方案、接线图一致。

2. 每年修订现场运行规程时，应重新核查设备接线方式。

3. 设备发生变更时，及时修改运行规程、现场接线图，确保与现象实际运行方式保持一致。

4. 工作前应做好准备，了解工作地点、工作范围、一次设备及二次设备运行情况、安全措施等是否齐备并符合实际。

装置违章

违章行为 90

电气设备无安全警示标志或未根据有关规程设置固定遮（围）栏。

危险！不要进去！

违章 典型表现

1. 高压配电柜背面未采用金属板全封闭，结构为铁丝网但高度尚未达到 1.7 米以上。

2. 运用中的各种爬梯未按标准化安全设施的要求悬挂"禁止攀登，高压危险！"牌。

3. 电器设备原有安全警示标志不全或丢失。

» 案例

2012 年 8 月 5 日，××供电公司检修分公司配电运检室所辖 10 千伏配电线路供电的一个小区箱式变压器高压配电室门锁丢失，小区内儿童进入箱式变压器内玩耍，造成触电，手臂被电弧灼伤。

违反条例

违反《电力设施保护条例》第 3.11 条及《配电网运行规程》第 8.5 条规定。

防控措施

1. 制订计划，迅速整改，更换为全封闭式高压配电柜。

2. 重点从防人身事故方面入手，针对性的制定防范措施。

3. 严禁单人进行设备巡视，两人巡视不得靠近带电设备。

4. 在检修作业时应用专用的绝缘隔板将与工作地点相邻的回路全方位隔离。

5. 做好爬梯的数量统计工作，备足数量及时下发安装，并加强动态检查。

6. 加强现场监督，做到发现缺失立即补齐。

违章行为 **91**

开关设备无双重名称。

装置违章

违章**典型表现**

1. 某回路某设备编号不全或只有名称或只有编号。

2. 新投设备验收时，未及时发现未安装双重名称。

» 案例

1992 年 4 月 30 日，×× 电业局 ×× 供电局 ×× 220 千伏变电站，在进行 66 千伏 ×× 线送电操作时，由于该线间隔与其他线路间隔临近且该间隔开关设备无设备名称标志，导致操作人员误入 66 千伏带电线路间隔进行操作，造成 66 千伏线路晚送电。

违反条例

违反《国家电网公司电力安全工作规程（变电部分）》第 5.1.8 条规定。

防控措施

1. 加强运行规程的管理，明确设备标牌必须写明双重名称。

2. 凡属此类现象均应视作严重违章，必须马上更换。

3. 班组成员在采取临时措施后，应及时反映，督促尽快解决。

4. 严格落实设备验收工作的有关规定，指派专人验收设备双重名称。

5. 凡属此类现象均应督促运行单位制作，必须在投运前完善。

违章行为 **92**

线路杆塔无线路名称和杆号，或名称和杆号不唯一、不正确、不清晰。

违章 典型表现

1. 杆号牌被盗或因锈蚀字迹不清。
2. 新架线路杆塔，设备标示悬挂不及时。

» 案例

2014 年 7 月 10 日，××供电公司检修分公司配电运检班进行 10 千伏线路更换绝缘导线过程中，配电运维班王某在对柱上分段开关进行停电操作后，继续进行装设接地线操作，因相邻正在运行的线路无线路名称和杆号，致使王某误登带电设备，在进行挂地线前验电时，因其身体与带电部位距离过近，引发人身感电伤害。

违反条例

违反《国家电网公司电力安全工作规程（线路部分）》第 8.3.5.1 条规定。

防控措施

1. 在巡视的过程中及时发现，做好记录，汇总报上级部门。
2. 相关管理部门做好统计，纳入反措管理，及时组织安排制订计划和措施并迅速实施补充更换，并及时清除旧标志。
3. 采用防盗措施和不易锈蚀材料制作。
4. 加强组织验收的管理，对没有标示牌的杆塔，严格按照"三同时"规定，不允许投运。
5. 在作业过程中监理要履行职责及时监督，确保安全设施与主体施工同步完成。

违章行为 **93**

线路接地电阻不合格或架空地线未对地导通。

(违章) 典型表现

1. 线路运行中接地电阻不合格。

2. 架空地线对地断裂。

» 案例

2014 年 8 月 10 日，×× 供电公司检修分公司 220 千伏输电线路因雷击发生跳闸，后经输电运维班进行接地电阻测试发现该线路 12 号、13 号杆塔接地电阻不合格，导致不能够有效泄导电流，致使发生雷击时引发线路故障跳闸。

违反条例

违反《国家电网公司十八项电网重大反事故措施（修订版）》（国家电网生〔2012〕352 号）中第 14.2.4 条和第 14.2.6 条规定。

防控措施

1. 运行管理单位定期对接地部分检查并测量。

2. 使用的接地材料、接地形式应符合当地土壤电阻率。

3. 在施工过程中要有跟踪检查和测试管理体制。

4. 测得接地电阻不合格应立即整改。

装置违章

违章行为 **94**

平行或同杆架设多回路线路无色标。

这哪是哪啊，也没个色标..

违章 典型表现

1. 平行或同杆塔架设线路中新投运线路未安装色标牌。

2. 平行或同杆塔架设线路中部分色标牌丢失。

» 案例

1986 年 3 月，××供电公司送电工区在进行 66 千伏线路停电清扫瓷质绝缘子过程中，作业人员在 23 号塔挂接地线时，误登同塔架设的其他线路侧，该线路塔上无判别标志，未验电就抛挂接地线，造成带电挂接地线的恶性误操作事故。

违反条例

违反《国家电网公司安全工作规程（线路部分）》第 6.3 条和 8.3.5.1 条规定。

防控措施

1. 按照需求及时定制相应的色标牌。

2. 装设色标的资金要列入基建费用。

3. 在线路运行过程中要有定期检查和补加色标的具体方法。

4. 注意区别平行和同杆塔架设线路的色标，不得相同或邻近。

5. 制定相应的管理制度，确保作业人员安全。

6. 运行管理单位对色标不清晰的及时加色。

违章行为 **95**

在绝缘配电线路上未按规定设置验电接地环。

违章 典型表现

1. 运行中绝缘配电线路上未设置验电接地环。

2. 绝缘配电线路上装设验电接地环数量不够。

» 案例

2007 年 8 月 15 日，××供电公司安监部在对 10 千伏线路检修作业现场检查时，发现该绝缘线路未按设计方案在 1 号杆至 50 号杆间装设接地环，未采取验电和挂接地线措施就准备作业，立即要求停止作业，并对作业单位及相关责任人进行了严肃考核。

违反条例

违反《国家电网公司电力安全工作规程（配电部分）》第 2.2.2 条规定。

防控措施

1. 制定在"绝缘配电线路上未按规定设置验电接地环"不能带电运行的管理办法。

2. 制定补加验电接地环的资金材料、完成时间等计划及有监督完成方法。

3. 结合线路改造、维护等时机，提前准备，完善工作计划，加挂验电接地环。

4. 发现验电接地环数量不够的，应立即通知运行管理部门，立即加设验电接地环。

5. 禁止工作人员穿越未停电接地或未采取隔离措施的绝缘导线上进行工作。

6. 在线路较长但两头没有验电接地环挂接地线的情况下，在离工作点附近线路分支的配电设备上加挂接地线。

违章行为

防误闭锁装置不全或不具备"五防"功能。

违章 典型表现

1. 防误闭锁装置损坏。　　　2. 设备"五防"未进行安装。

3. "五防"程序与设备实际不符合。　4. 防误闭锁装置不全。

5. 电脑钥匙故障。

» 案例

2013 年 5 月 30 日，××供电公司检修分公司 66 千伏变电站 10 千伏保护装置的防误操作装置失灵，由变电二次检修人员短接回路后等待厂家进行处理，但变电运维人员未在失去"五防"功能的 10 千伏保护装置处设置警示标识。在变电运维班进行 10 千伏电容器停电操作时，操作人员在操作过程中与监护人谈笑，误将 10 千伏开关把手分闸，线路停运 15 分钟，造成恶性误操作事故。

> 没有"五防"功能了，怎么没有警示标识！？

违反条例

违反《国家电网公司十八项电网重大反事故措施（修订版）》（国家电网生〔2012〕352 号）中第 4.2.5 条规定。

防控措施

1. 加强对防误闭锁装置的运行维护，发现问题按设备缺陷上报。

2. 发现此类情况立即上报有关部门，做好记录。

3. 在验收时必须按照规定的程序进行，设备没有"五防"装置不能投运。

4. 操作设备时发现无"五防"闭锁装置的设备，应由操作队队长向区长或站长申请操作该设备，并经主管主任同意后才可以操作。操作完毕后立即向上报"五防"班，要求在一定时间内完成"五防"装置的安装工作。

5. 设专人对电脑钥匙进行保管维护。

违章行为

机械设备转动部分无防护罩。

违章 典型表现

机械设备转动的部分没有安装防护罩或不满足现要求。

》案例

2013 年 3 月 27 日，××供电公司检修分公司进行 10 千伏更换刀闸作业。变电运维人员刘某在作业中使用手持砂轮机，因图使用便利，擅自将手持砂轮机防护罩卸下，砂轮切割时，铁屑飞溅，造成另一工作人员眼睛烫伤。

违反条例

违反《国家电网公司电力安全工作规程（变电部分）》第 16.4.1.8 条规定。

防控措施

1. 严禁使用前机械转动的部分没有安装防护罩或不满足现场要求的设备、工具。

2. 工作前认真检查机械设备转动部分的防护罩是否松动，是否满足现场要求，并及时整改，防止机械转动部分在使用时扭伤使用人员的手臂，或卷入异物损坏设备。

3. 将防护罩危险点分析列入作业指导书（卡），制定防控措施。

违章行为

电气设备外壳无接地。

(违章) 典型表现

1. 电气设备外壳本身无接地或接地断开。

2. 接地网断开，造成设备外壳失去接地。

3. 现场电气设备使用中没有外壳接地。

4. 电气设备外壳有接地，但接地桩连接
松动或接地点扁铁处的油漆没有去除。

» 案例

1995 年 7 月，××供电局配电班在变台接地体焊接作业中，由于所使用的焊机（漏电）未经安全检查，
未进行外壳接地就通电使用，施焊人员程某未戴专业手套，在取放焊机上放置的扳手时触电轻伤。

违反条例

违反《国家电网公司电力安全工作规程（配电部分）》第 15.3.4 条规定。

防控
措施

1. 对设备的接地情况定期进行检查和维护，发现及上报处理。

2. 投运设备时，应加强对设备外壳接地情况的审核；出现设备外壳无接地时，及时沟通，保证运
行设备外壳接地良好。

3. 对外壳无接地设备应加强巡视，防止因无接地造成设备放电。在巡视此类设备时，应穿绝缘靴、
戴安全帽，接触设备外壳时戴好绝缘手套。

4. 对电动工器具绝缘进行检测，并贴合格标签，应有专人保管。

5. 工作人员进行电气设备接地时，检查接地桩连接要紧固无松动。

违章行为 **99**

临时电源无漏电保护器。

违章 典型表现

1. 从站变低压侧接取临时电源无漏电保护器。

2. 变压器大修时接取临时照明灯具不使用漏电保护器。

3. 检修电源无漏电保护器。

4. 外来施工人员接用低压电源一般不使用漏电保护器。

» **案例**

2014 年 9 月 22 日，××供电公司检修分公司进行 66 千伏变电站更换刀闸作业过程中，工作班成员王某站在梯子上使用手持砂轮机切割一锈蚀螺丝时，因变换位置，用手提拉电源线时，发生人身低压触电，又因该临时电源未使用漏电保护器，电源无法自动断开，致使其持续触电状态，导致又发生高处坠落事件

违反条例

违反《国家电网公司电力安全工作规程（变电部分）》第 16.3.5 条规定。

防控措施

1. 每年预试工作前，工区提前组织人员对检修电源箱和漏电保安器进行检查试验。

2. 工作负责人首先检查，是否安装有漏电保护器，容量是否满足要求，是否在使用期限内。

3. 接取临时电源应在装有漏电保护器的电源上接取。

4. 对漏电保护器进行动作试验后，再进行使用。

违章行为 *100*

起重机械，如绞磨、汽车吊、卷扬机等无制动和逆止装置，或制动装置失灵、不灵敏。

违章 典型表现

1. 因疏于检查，让无制动装置或逆止装置的起重机械进入施工现场。

2. 有制动装置或逆止装置的起重机械，使用中疏于维护，造成机械存在故障，但在作业中继续使用。

> **案例**

2004 年 6 月 16 日，××供电公司电力工程有限公司在××66 千伏变电所移地新建施工现场进行 10 千伏电缆展放敷设作业时，由一名工作人员操作的新购手扶式拖拉机绞磨牵引电缆，另两名工作人员在绞磨右后侧负责盘尾线工作。吊车司机冯某给 3 人送水时，固定在飞轮上的皮带主动轮的两个固定螺栓脱落，致使高速运转的皮带主动轮飞出，击中冯某安全帽左下檐和左耳部，经抢救无效死亡。

违反条例

违反《国家电网公司电力安全工作规程（配电部分）》第 14.2.1 条和《国家电网公司电力安全工作规程（线路部分）》第 14.2.1 条规定。

防控措施

1. 起重机械所属单位，应对设备进行定期维护、维修，对存在故障的设备坚决不派往现场。

2. 起重机械使用班组人员应认真检查起重机械是否符合工作要求，是否有专业部门给出的起重机械制动装置检验合格报告。

3. 所有使用起重机械的人员应持有相关部门颁发的操作证书。

4. 起重机械所属单位，应对设备进行定期维护、维修，对存在故障的设备坚决不派往现场。